What on Earth!

'나는 무엇에 가장 흥미를 느낄까?' 이건 여러분이 스스로에게
할 수 있는 가장 중요한 질문이에요. What on Earth!의 모든 책은
여러분이 좋아하고 재미있어 하는 것들을 탐구하고 발견할 수 있도록 도와주어요.
여러분이 발견한 흥미로운 것들을 다른 사람들과 나누면,
그 기쁨은 더욱 널리 퍼져 나간답니다. 왜냐하면, 이 세상은 우리가
상상하는 것보다 훨씬 더 놀랍고 멋진 곳이니까요!

크리스토퍼 로이드
What on Earth! 창립자

What on Earth!

기발하고 신박한 질문들

호기심
백과

위대한 발명과 우리 별

기초부터 탄탄하게

기탄출판

기발하고 신박한 질문들
• 차례 •

기계와 발명품

세상을 바꿔 놓은 위대한 발명과 기술에 관한 모든 궁금증!

6

지구

신기한 자연 현상으로 가득한 지구에 관한 모든 궁금증!

50

우주

드넓은 우주와 무수한 천체에 관한 모든 궁금증!

94

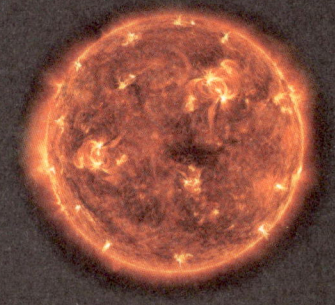

기계와 발명품

조종사는 어떻게 하늘에서
길을 찾을까?
세상을 바꿔 놓은 위대한 발명과
기술에 관한 모든 궁금증!

자동차는
어떻게 움직일까?

자동차를 운전하기 위해서는 시동 장치의 버튼을 눌러야 해요.
그러면 전기 모터가 작동하기 시작하죠. 모터는 엔진을 움직이게 하는
힘을 만들어 내요. 이제 운전자는 발로 페달을 밟아요. 페달은 엔진과
브레이크, 기어를 조절해요. 오른쪽 '액셀' 페달을 세게 밟으면
밟을수록 차가 더 빨리 움직여요. 그 왼쪽의 '브레이크' 페달은 반대로
차의 속도를 늦추거나 멈추는 데 사용하죠. 어떤 차에는 '클러치'
페달이 달려 있어서 기어와 함께 운전자가 속도를 안전하게 조금씩
바꾸도록 도와주어요.

🔍 자동차의 내부

운전석은 왼쪽에 있을
수도, 오른쪽에 있을 수도
있어요. 나라에 따라
운전석 위치가 달라져요.
운전 중에 브레이크
페달을 밟으면 '브레이크
패드'가 달리는 바퀴를
꽉 눌러서 마찰을 일으켜
속도를 늦춰 준답니다.
브레이크 페달을 세게
밟을수록 자동차는 더
빨리 멈춰요.

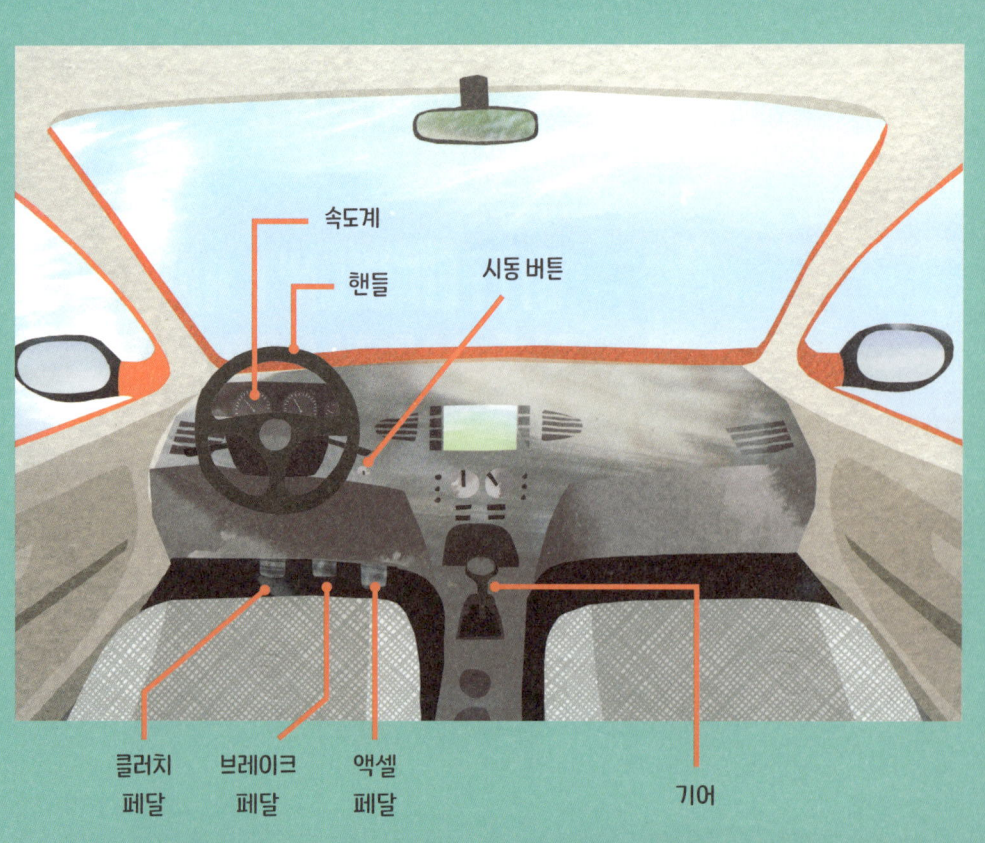

속도계

핸들

시동 버튼

클러치
페달

브레이크
페달

액셀
페달

기어

부릉!

부릉!

기술자와 과학자들은
계속해서 새로운 자동차를
디자인하고 있어요. 그중에는
하늘을 나는 자동차도
있답니다!

놀라운 사실

전 세계에서 가장 긴 자전거는
길이가 55미터나 돼요.
버스 3대를 쭉 붙여 놓은
것보다 더 길죠! 2024년 7월
기네스북에도 올랐답니다.

페달을 밟을 때 힘이 적게 들도록 기어가
달린 자전거도 있답니다. 낮은 기어는
자전거가 언덕을 올라갈 때 도움이 되고,
높은 기어는 평평한 땅에서 더 빨리
달릴 수 있게 해 주어요.

자전거는 어떻게 움직일까?

우리가 자전거의 페달을 힘차게 밟으면 자전거가 움직이죠. 어떤 원리일까요? 자전거에는 둥근 톱니바퀴가 2개 있어요. 큰 톱니바퀴는 양쪽 페달 사이에 있고, 작은 톱니바퀴는 뒷바퀴 가운데에 있죠. 이 톱니바퀴들은 체인으로 연결되어 있어 함께 움직여요. 페달을 밟으면 체인이 돌아가면서 작은 톱니바퀴가 뒷바퀴를 돌아가게 해요. 자, 자전거가 앞으로 나가네요. 슝슝! 앞바퀴에는 핸들이 붙어 있어서 방향을 바꿀 수 있답니다.

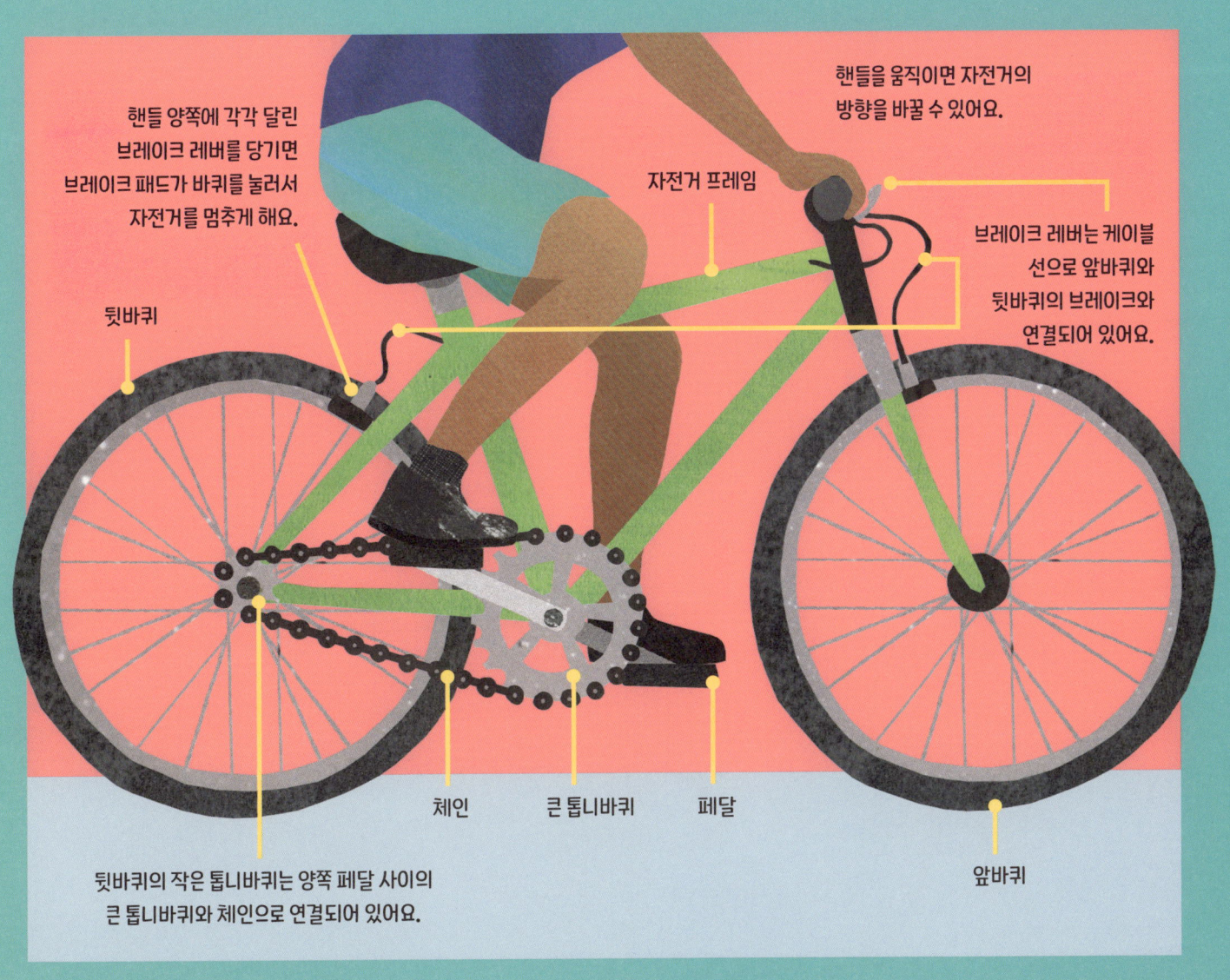

핸들 양쪽에 각각 달린 브레이크 레버를 당기면 브레이크 패드가 바퀴를 눌러서 자전거를 멈추게 해요.

핸들을 움직이면 자전거의 방향을 바꿀 수 있어요.

자전거 프레임

브레이크 레버는 케이블 선으로 앞바퀴와 뒷바퀴의 브레이크와 연결되어 있어요.

뒷바퀴

체인

큰 톱니바퀴

페달

앞바퀴

뒷바퀴의 작은 톱니바퀴는 양쪽 페달 사이의 큰 톱니바퀴와 체인으로 연결되어 있어요.

조종사는 어떻게 하늘에서 길을 찾을까?

● ● ● ● ● ● ● ● ● ● ●

비행기가 출발하기 전 '운항 관리사'는 비행기가 목적지까지 도착하는 가장 안전한 길을 찾아요. 이 과정에서 '항공로'가 정해지지요. 항공로란 하늘에서 비행기가 다니는 길로, 이정표가 있는 자동차 도로와 비슷해요. 비록 우리 눈에는 보이지 않지만 말이에요. 조종사는 운항 관리사가 보낸 정보를 비행기 컴퓨터 시스템에 입력해요. 그러면 비행을 하는 동안 조종석의 계기판을 보고 현재 비행기의 위치가 어디인지, 또 얼마나 높이 날고 있는지 확인할 수 있지요. 인공위성이 보낸 신호를 이용하여 비행기의 위치를 정확히 알아내는 장치도 있답니다.

비행기 조종사는 비행기 맨 앞에 있는 조종석에 앉아요. 조종석은 비행기의 위치와 속도를 알려 주는 계기판으로 둘러싸여 있지요. 조종사는 땅에 있는 '관제사'와 무선으로 연락을 주고받기도 해요. 관제사는 비행기의 항로가 여전히 안전한지, 혹은 항로를 바꿔야 할지 알려 주지요.

이 흰색 선들은 전 세계의 비행기들이 날아다니는 길이에요. 마치 하늘 위의 고속도로 같죠.

아주 커다란 자석을
이용해 고물에서
쇠붙이를 골라내
정리하고 있어요.

14

자석은 어떻게 쇠붙이를 끌어당길까?

모든 자석은 양 끝에 N극과 S극을 가지고 있어요.
냉장고에 붙이는 자석도 마찬가지랍니다. N극과 S극
사이에는 '자기력'이라는 보이지 않는 힘이 흐르고
있지요. 자석이 어떤 물체를 끌어당겨 달라붙게 하거나
밀어 내 버리는 것은 모두 자기력 때문이에요. 자석은
쇠붙이나 강철처럼 '자성'을 띤 것들만 끌어당겨요.
금이나 은, 알루미늄, 종이나 플라스틱 같은 것들은
자성을 띠지 않기 때문에 자석에 붙지 않는답니다.

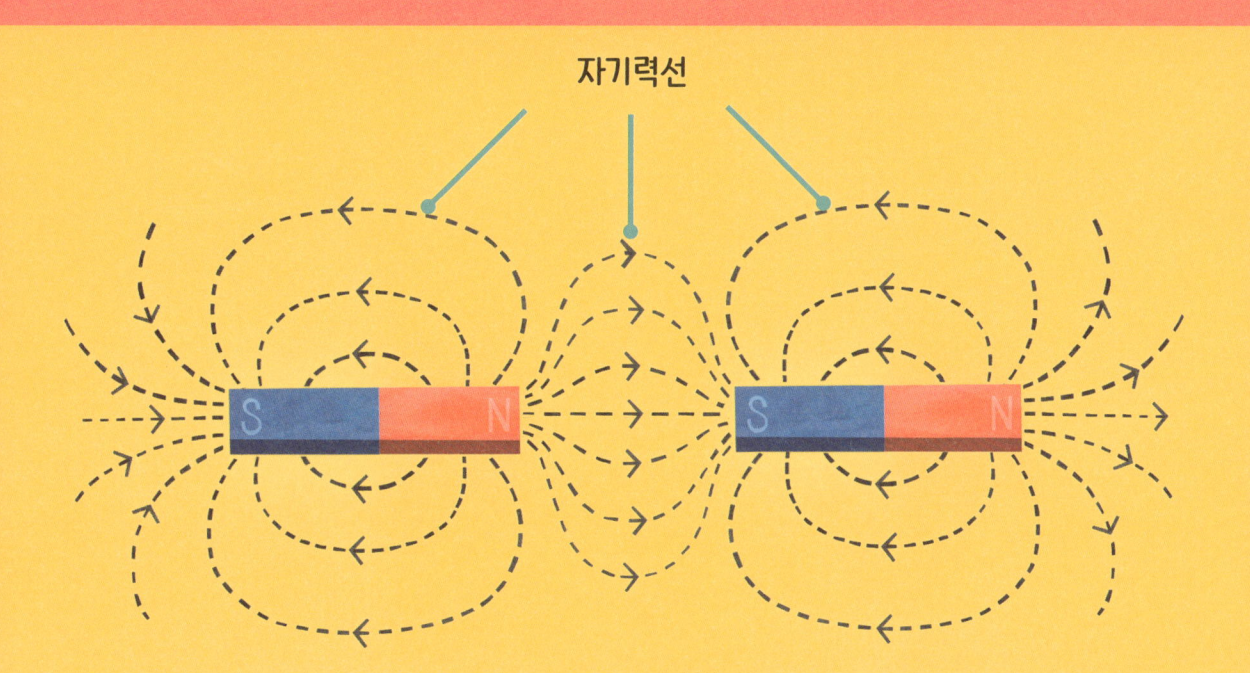

자기력선

자석 주변에 자기력이 흐르고 있는 공간을 '자기장'이라고 해요. 자석의 N극에
다른 자석의 S극이나 자성을 띤 쇠붙이를 가까이 가져가면 서로 끌어당겨 달라붙어요.

드론은 어떻게 하늘을 날까?

드론은 비행기처럼 모터가 달려 하늘을 날 수 있는 기계예요. 비행기와 다른 점은 드론에는 조종사가 타고 있지 않다는 것이죠. 대신 땅에서 사람이 리모컨으로 조종하거나, 로봇처럼 자체 컴퓨터 프로그램에 따라 자동으로 움직인답니다. 드론의 날개는 얇고 살짝 비틀려 있으며, 헬리콥터 로터처럼 끝은 이어져 있어요. 날개가 회전하면서 공기를 아래로 밀어 내기 때문에 드론이 위로 떠오르는 것이지요. 드론에는 보통 서로 반대 방향으로 회전하는 4개의 날개가 있는데, 그 덕분에 드론은 위로 날아오르거나, 앞으로 가거나, 원을 그리면서 날거나 공중에 둥둥 떠 있을 수 있답니다.

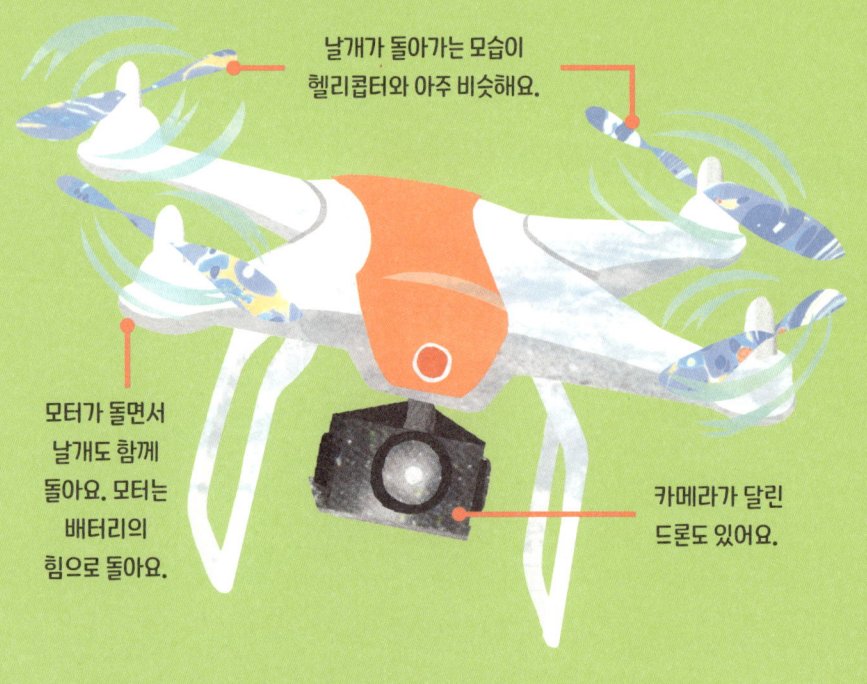

날개가 돌아가는 모습이 헬리콥터와 아주 비슷해요.

모터가 돌면서 날개도 함께 돌아요. 모터는 배터리의 힘으로 돌아요.

카메라가 달린 드론도 있어요.

밤하늘에 수천 개의
드론을 함께 날리면
아주 멋진 불빛 쇼가
펼쳐진답니다.

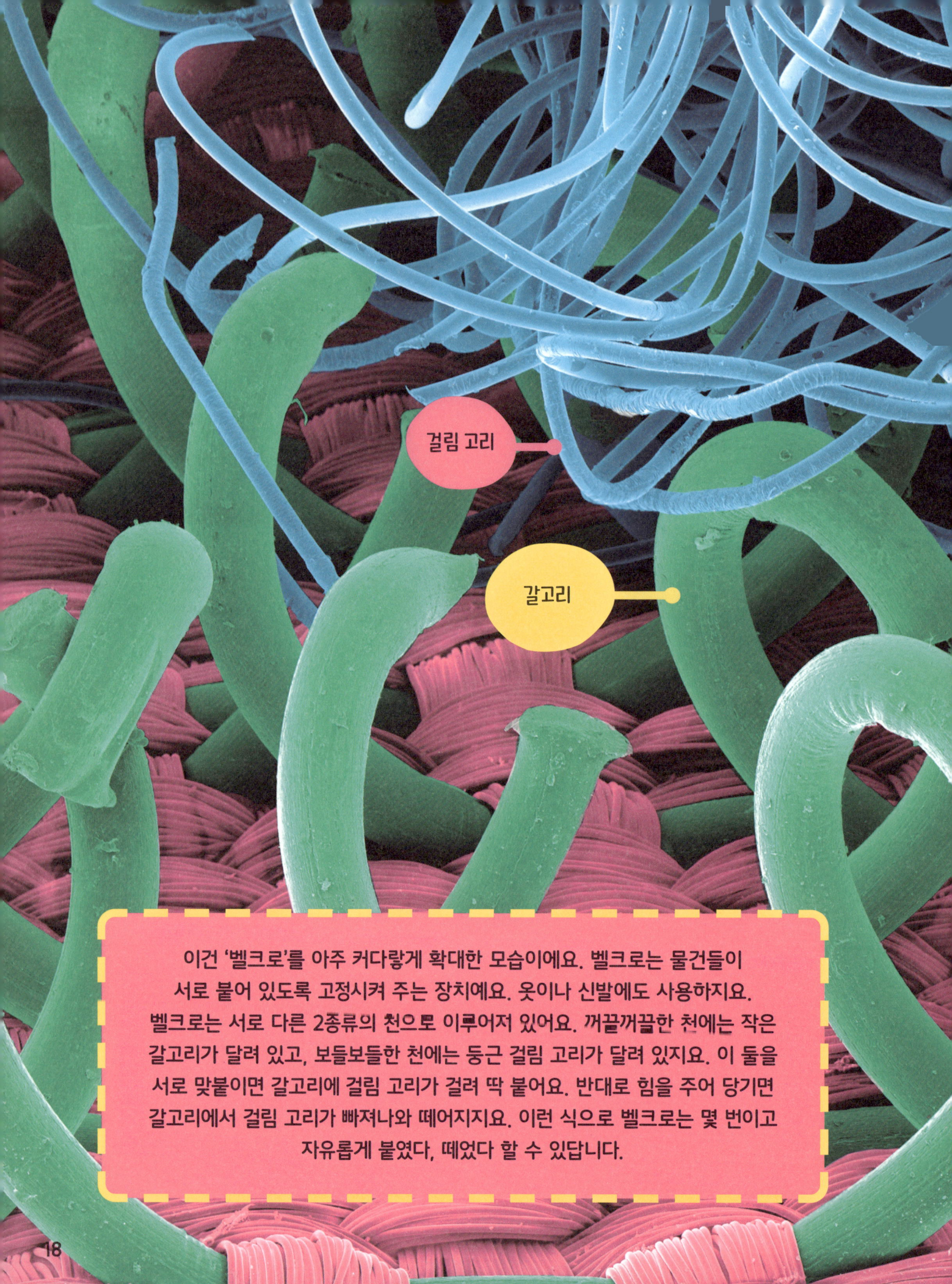

걸림 고리

갈고리

이건 '벨크로'를 아주 커다랗게 확대한 모습이에요. 벨크로는 물건들이
서로 붙어 있도록 고정시켜 주는 장치예요. 옷이나 신발에도 사용하지요.
벨크로는 서로 다른 2종류의 천으로 이루어져 있어요. 꺼끌꺼끌한 천에는 작은
갈고리가 달려 있고, 보들보들한 천에는 둥근 걸림 고리가 달려 있지요. 이 둘을
서로 맞붙이면 갈고리에 걸림 고리가 걸려 딱 붙어요. 반대로 힘을 주어 당기면
갈고리에서 걸림 고리가 빠져나와 떼어지지요. 이런 식으로 벨크로는 몇 번이고
자유롭게 붙였다, 떼었다 할 수 있답니다.

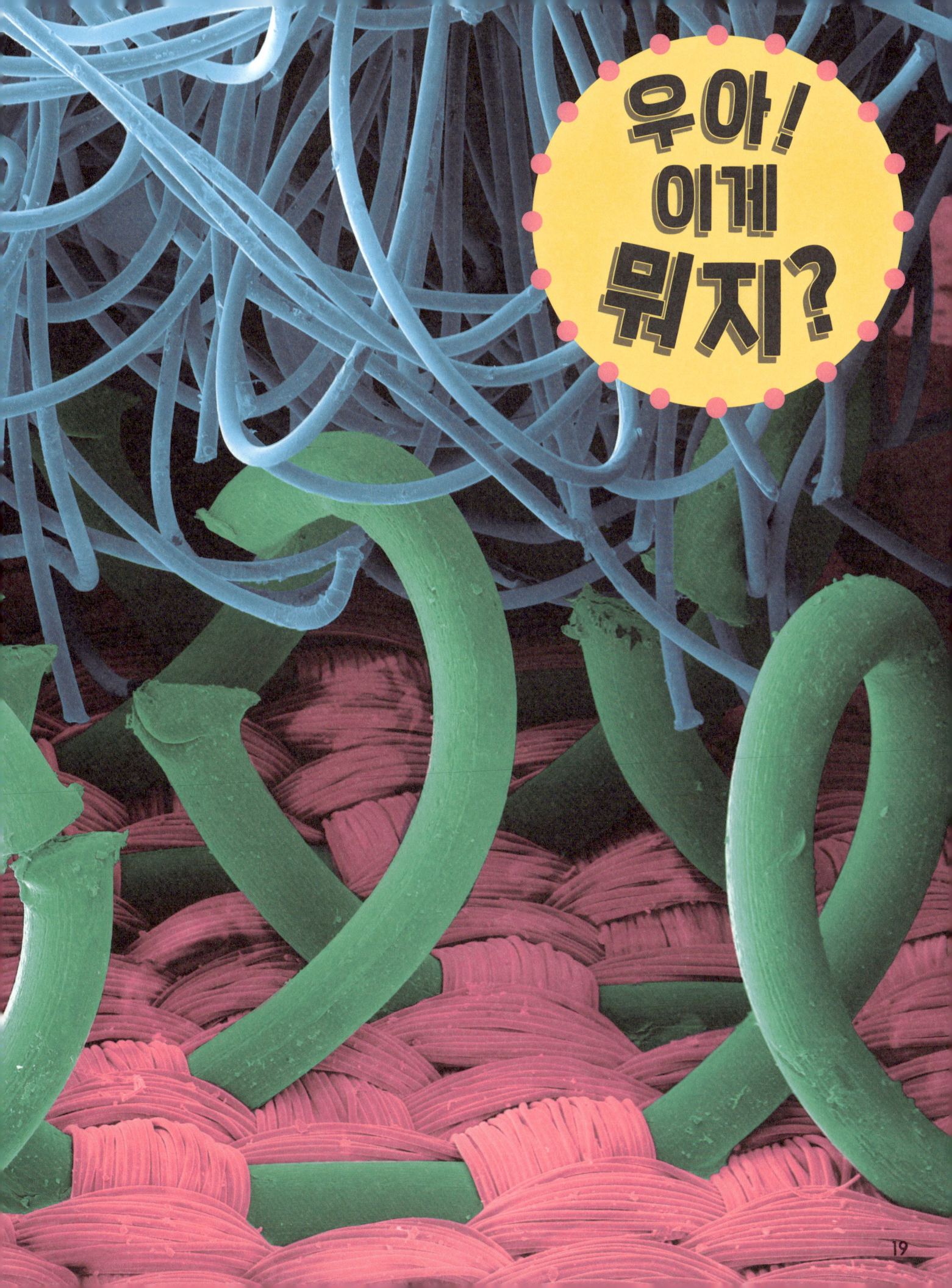

우아!
이게
뭐지?

19

돋보기는 어떻게 사물을 더 크게 보이게 할까?

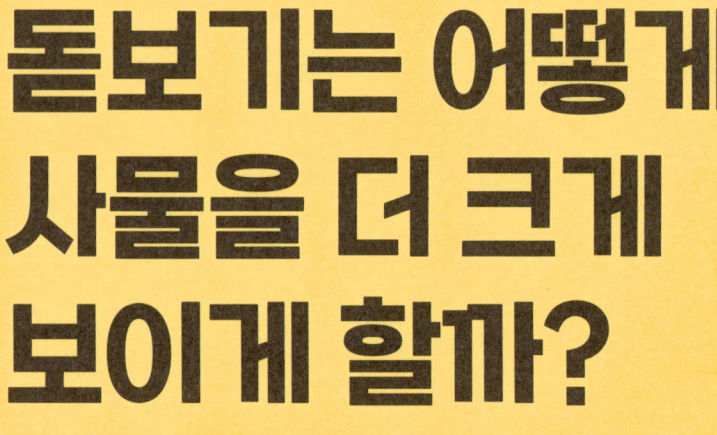

돋보기에서 가장 중요한 역할을 하는 건 '볼록 렌즈'예요. 볼록 렌즈는 가운데가 가장자리보다 두꺼운 둥근 유리예요. 옆에서 보면 럭비공을 길게 늘인 것 같은 모양이지요. 볼록 렌즈로 물체를 보면 물체가 커다랗게 보여요. 물체에서 튕겨 나온 빛이 볼록 렌즈를 지날 때 빛이 꺾이면서 우리 눈에 도착할 때는 실제보다 더 커다란 물체처럼 보여지는 거예요. 이것을 '확대'라고 해요. 작은 물체를 확대하면 우리는 맨눈으로 보는 것보다 더 자세히 들여다볼 수 있답니다.

(벌레 같은)
물체

물체가 보이는 크기

물체에서 튕겨
나온 빛이 눈으로
들어와요.

렌즈가 빛을
꺾어요.

물체가
보이는 크기

물체

볼록 렌즈

사물을 선명하게 보려면 눈과
사물 사이의 알맞은 거리에
돋보기를 가져다 대야 해요.

놀라운 사실

폭죽은 약 2,000년 전에
중국에서 처음 발명되었다고 해요.
당시 누군가가 대나무 줄기에 불을
붙이자 펑 소리를 내며 터졌던 게
폭죽의 시작이었죠.

불꽃놀이 폭죽은 어떻게 터질까?

쉭~, 팡! 폭죽이 한 번 터진 것처럼 들릴지 몰라도, 사실 2번이 넘는 크고 작은 폭발이 일어난 거랍니다. 먼저 폭죽 바깥에 달린 도화선에 불이 붙으면 곧 안쪽의 화약이 타면서 가스가 만들어져요. 그리고 그 압력으로 폭발하면서 폭죽은 엄청난 연기를 내뿜으며 하늘 높이 발사되지요. 그 후 안쪽에 들어 있는 도화선에도 불이 붙고, '별'이라고 하는 동그란 화약 덩어리들이 폭발하게 되어요. 이 별들은 화약과 금속 성분으로 이루어져 있는데, 종류에 따라 불이 붙었을 때 내뿜는 색깔과 형태가 모두 달라져요. 그래서 밤하늘을 수놓는 불꽃이 알록달록한 거예요.

🔍 폭죽의 내부

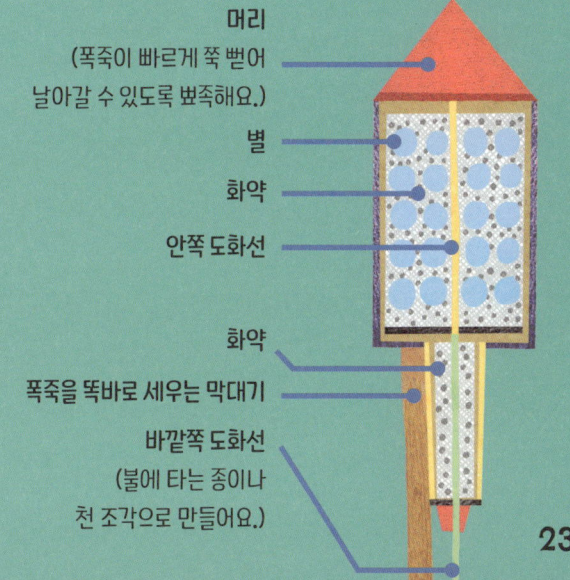

머리
(폭죽이 빠르게 쭉 뻗어 날아갈 수 있도록 뾰족해요.)

별

화약

안쪽 도화선

화약

폭죽을 똑바로 세우는 막대기

바깥쪽 도화선
(불에 타는 종이나 천 조각으로 만들어요.)

궁금해! 누가 좀 알려 줘

· · · · · · · · ·

하늘에는 1초에 몇 대의 비행기가 날고 있을까?

약 8,000~1만 대!

세계에서 가장 긴 다리는 얼마나 길까?

중국에 있는 '단양 쿤산 대교'는 길이가 무려 165킬로미터나 된대!

세계에서 가장 긴
자동차 터널은
얼마나 길까?

노르웨이에 있는 '레르달 터널'은
길이가 24킬로미터래!

세계에서 가장 빠른 열차는
얼마나 빠를까?

'상하이 자기부상열차'는 무려 시속
460킬로미터로 달린대!

롤러코스터는 속도가
얼마나 빠를까?

롤러코스터의 최대 시속은 250킬로미터야.
고속도로를 달리는 자동차보다 훨씬 빨라!

터널은 어떻게 만들까?

터널은 사람이나 차들이 빠르게 이동할 수 있도록 산, 바다, 강 밑을 뚫어 만든 통로를 말해요. 주로 옆으로 또는 아래로 굴을 파서 만들지요. 터널을 만들기 위해서 기술자들은 우선 터널을 어디서부터 어디까지로 할지, 폭과 높이는 얼마 정도로 할지를 정한답니다. 얇은 터널을 만들 때는 필요한 만큼 길게 땅을 판 뒤 양옆에 벽을 만들어 지지대를 세워요. 그리고 지붕처럼 덮개를 얹으면 위쪽에 도로나 건물이 생겨도 무게를 견딜 수 있지요. 그런가 하면, 거대한 굴착 기계를 이용해 터널을 만들기도 해요. 길이가 짧은 터널의 경우에는 바위에 구멍을 뚫고 그 안에 다이너마이트를 넣어 터뜨려서 터널을 뚫는답니다. 쾅!

터널 굴착 기계의 맨 앞부분인 '커터헤드'예요. 이 부분이 빙글빙글 돌아가면서 바위나 땅을 갈아 내요.

26

터널 굴착 기계는 엄청나게 큰 드릴 같아요.
크기가 무려 건물 4층 높이 정도나 되는 것도 있어요.

놀라운 사실

수천 년 전, 튀르키예의
카파도키아 지역 사람들은
수백 개나 되는 땅굴을 파서
거대한 지하 도시를 만들었어요.
오늘날에도 관광객들이 이곳을
방문하고 있답니다.

놀라운 사실

세계에서 가장 높은 크레인은
높이가 약 400미터나 된답니다.
프랑스 파리에 있는
에펠탑보다도 높아요!

건축 현장에 가면 크레인을
볼 수 있어요. 무거운 철근도
거뜬히 들어 옮기지요.

크레인은 어떻게 똑바로 서 있을까?

크레인이 무거운 물건을 들어 올려 다른 곳으로 옮기기 위해서는 땅 위에 안정적으로 고정되어 있어야 해요. 특히 거대한 타워크레인을 세울 때는 땅을 판 뒤 엄청나게 크고 무거운 철근과 콘크리트 블록으로 기초를 다진답니다. 타워크레인을 지지해 주는 수직 기둥인 '마스트'와 수평 기둥인 '지브'는 튼튼한 철재 뼈대가 그물처럼 얽혀 있어요. 그래서 바람을 모두 통과시켜 폭풍이 몰아치는 날에도 타워크레인이 쓰러지지 않도록 해 주어요. 또한 물건을 들어 올리는 갈고리 반대편에는 평형추가 달려 있어서 무거운 물건을 들더라도 앞으로 고꾸라지지 않는답니다.

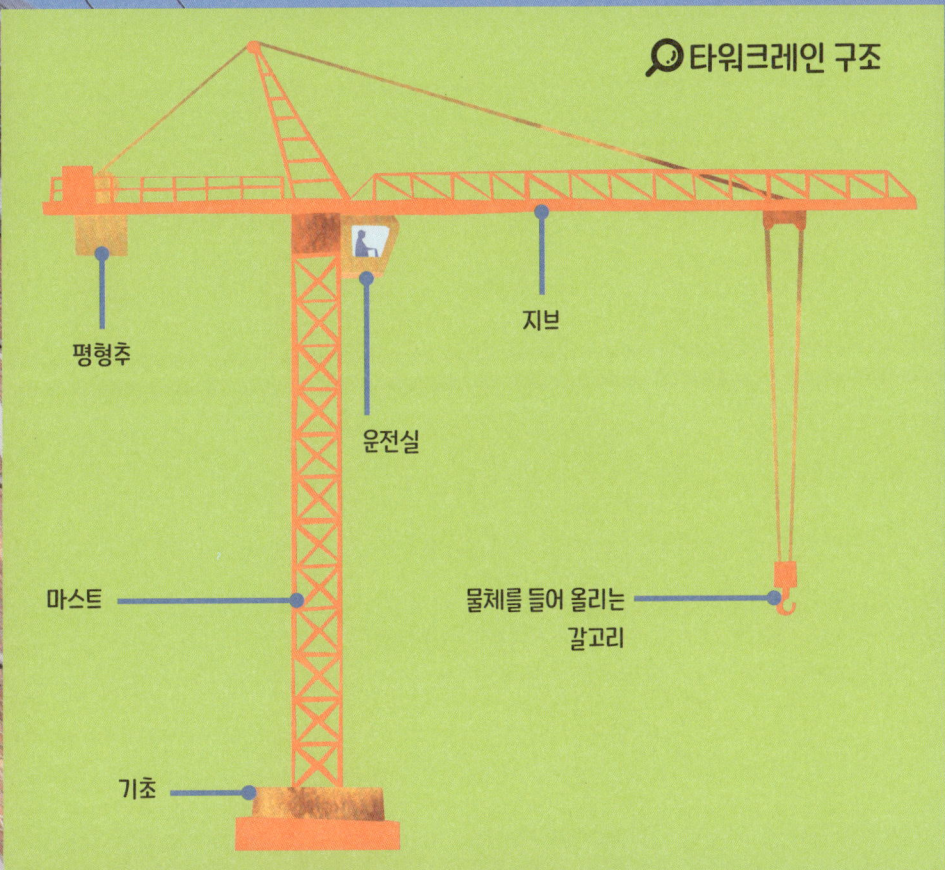

🔍 타워크레인 구조

평형추

지브

운전실

마스트

물체를 들어 올리는 갈고리

기초

에스컬레이터는 어떻게 움직일까?

에스컬레이터는 계단 모양의 '발판'과 손잡이 역할을 하는 '핸드레일'로 이루어져 있는데, 전기 모터의 힘으로 움직인답니다. 발판의 양쪽 끝부분은 튼튼한 '계단 체인'에 연결되어 있어요. 계단 체인에 달린 작은 바퀴들이 정해진 길을 따라 위아래로 움직이면서 발판도 함께 움직이지요. 에스컬레이터가 올라갈 때는, 발판이 맨 위에 다다르면 사람들이 안전하게 내릴 수 있도록 평평하게 펴져요. 그리고 보이지 않는 곳에서 다시 체인을 따라 거꾸로 뒤집힌 모습으로 아래로 내려가지요. 발판이 에스컬레이터 맨 아래에서 다시 위로 올라갈 때는 다음 사람이 탈 수 있게 평평한 모습이 된답니다.

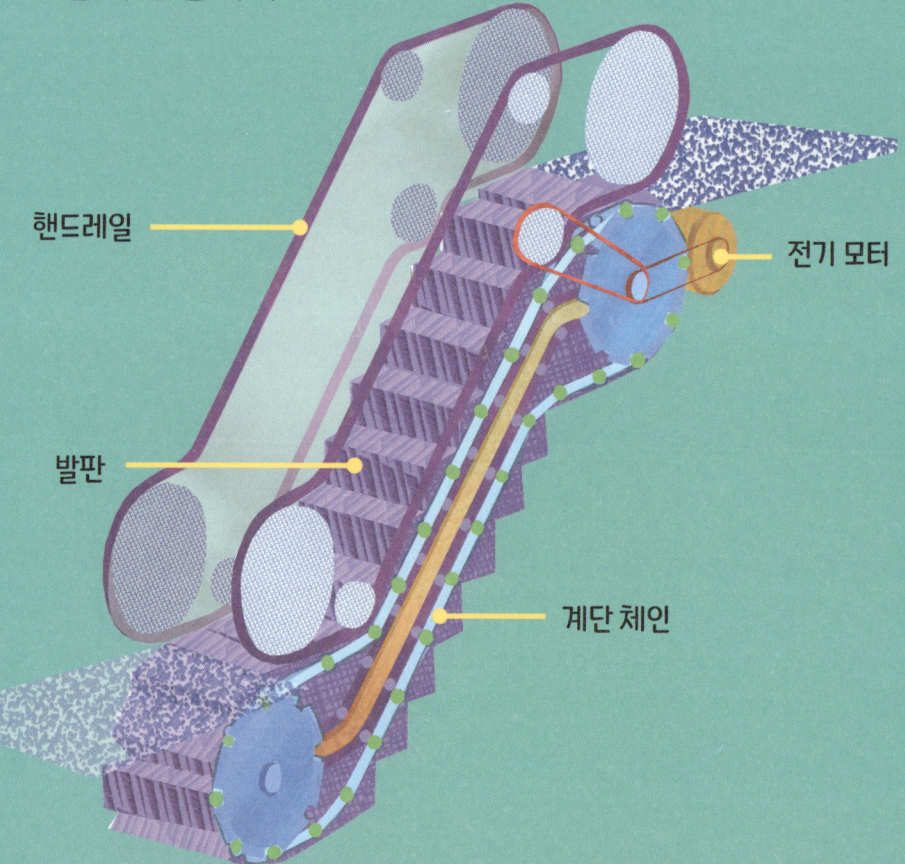

핸드레일

발판

계단 체인

전기 모터

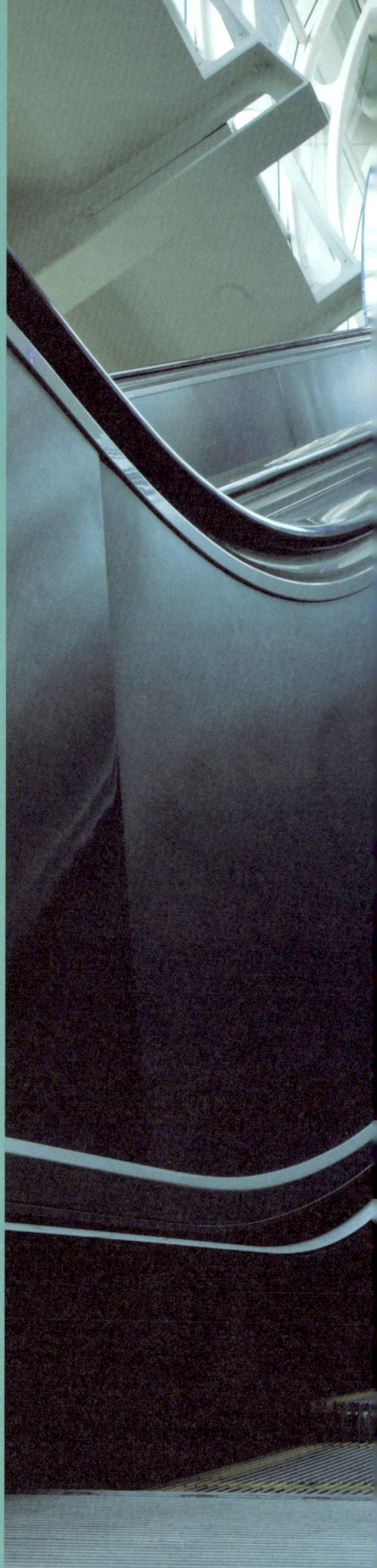

소방사다리차는 길게
늘어나는 사다리를 갖추고
있는 소방차예요.
20미터가 넘는 높은 곳에
난 불도 끌 수 있지요.

소방차는 어떻게 불을 끌까?

불을 끄기 위한 장비들은 소방차의 옆쪽과 뒤쪽에 보관되어 있어요.

소방차에서 가장 커다란 부분은 물탱크예요. 이 물탱크에는 욕조 30개를 가득 채울 정도로 많은 양의 물을 담을 수 있어요. 소방차가 불이 난 장소에 도착하면, 소방관은 손잡이를 당겨 펌프를 작동시켜요. 그러면 물탱크 안의 물이 호스를 통해 밖으로 뿜어져 나오지요. 물이 부족하면 근처에 있는 소화전이나 호수, 심지어 수영장 물도 호스로 빨아들여 사용할 수 있어요. 소방차에는 소방관들이 타고 있으며, 불을 끄는 데 필요한 장비들 뿐만 아니라 화재 출동 중임을 알리기 위한 비상등과 사이렌이 갖춰져 있어요.

놀라운 사실

하와이에서는 바다에 빠진 사람을 구하기 위해 소방차에 서핑 보드를 싣기도 해요.

열쇠는 어떻게 자물쇠를 열까?

열쇠는 대부분 금속으로 만들어요. 각각 딱 맞는 자물쇠만을 열 수 있도록 특별한 모양을 하고 있지요. 자물쇠는 종류가 무척 많은데, 그중에서도 가장 많이 사용하는 건 '핀 텀블러' 자물쇠예요. 열쇠 날에 파인 홈과 열쇠 구멍 안쪽 모양이 딱 맞아야만 자물쇠가 열리지요. 열쇠를 열쇠 구멍에 넣으면 열쇠에 파인 홈이 자물쇠 안쪽에 줄지어 있는 각각 다른 길이의 핀들을 들어 올려요. 들쑥날쑥했던 핀들이 가지런히 일직선이 되어야만 열쇠가 돌아가면서 자물쇠가 열린답니다. 찰칵!

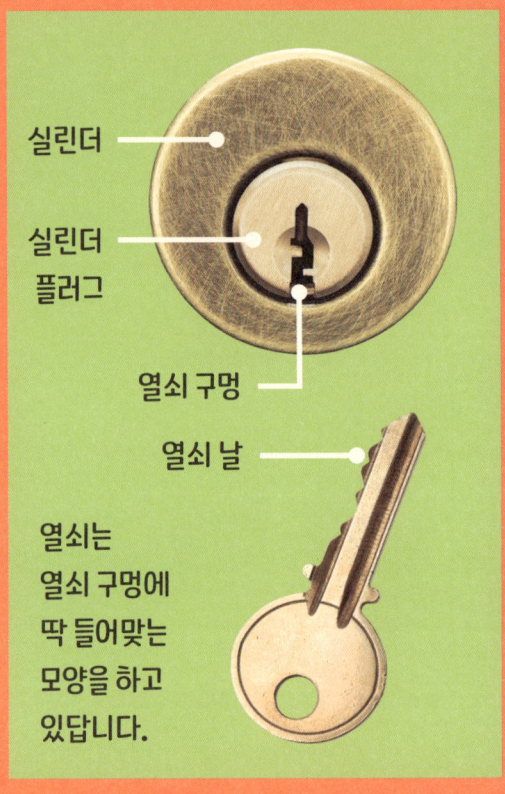

실린더
실린더 플러그
열쇠 구멍
열쇠 날

열쇠는 열쇠 구멍에 딱 들어맞는 모양을 하고 있답니다.

1

실린더
스프링
핀
실린더 플러그

실린더 플러그 안에는 핀들이 줄지어 있는데, 움직이지 않도록 스프링이 누르고 있지요. 핀들은 각각 2부분으로 되어 있어요.

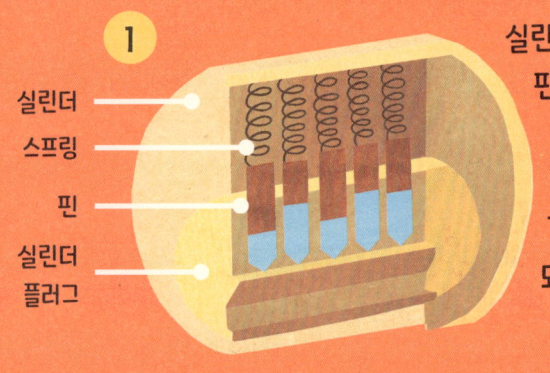

2

딱 맞는 열쇠를 넣으면 핀들이 정확한 위치로 들어 올려져 빨간색과 파란색 사이가 나란히 맞춰져요. 그러면 열쇠와 실린더 플러그를 돌릴 수 있어요.

3

캠
볼트
걸쇠

열쇠를 돌리면 회전 장치인 '캠'이 함께 돌아가면서 걸쇠에 걸려 있던 볼트를 끌어당겨요. 그럼 잠겼던 문이 열린답니다.

놀라운 사실

고대 로마 부자들은 상자에
귀중품을 넣고 자물쇠로 잠가
보관했어요. 그리고 열쇠를
반지에 붙여 손가락에 끼우고
다니며 재산을 뽐냈답니다.

식기세척기에는 세척, 헹굼, 건조 등 다양한 기능이 있어요. 기계 앞쪽에 있는 버튼을 눌러 필요한 기능을 선택할 뿐 아니라 온도와 세기를 조절할 수도 있답니다.

놀라운 사실

최초의 식기세척기는 1886년 조세핀 코크레인이 발명했어요. 하인들이 값비싸고 귀한 도자기 그릇을 씻다가 자꾸 깨뜨려서 아예 설거지 기계를 만들었대요.

식기세척기는 어떻게 그릇을 설거지할까?

식기세척기는 로봇과 비슷해요. 입력된 컴퓨터 프로그램에 따라 스스로 작동하거든요. 먼저 식기세척기 안에 설거지할 그릇과 세제를 넣어요. 그런 다음 전원을 켜면 식기세척기 바닥에 있는 히터가 뜨거워지면서 물탱크 안의 물을 데우지요. 뜨겁게 데워진 물은 세척 날개에 뚫린 구멍을 통해 뿜어져 나와요. 세척 날개는 회전하면서 물을 내뿜어 그릇에 묻은 음식물 찌꺼기를 모두 씻어 내고 깨끗하게 헹구지요. 사용한 물은 식기세척기 뒤쪽에 있는 배수관으로 흘러 나가요. 마지막으로 기계 안의 열기로 깨끗해진 그릇의 물기를 말리면 설거지가 끝나요.

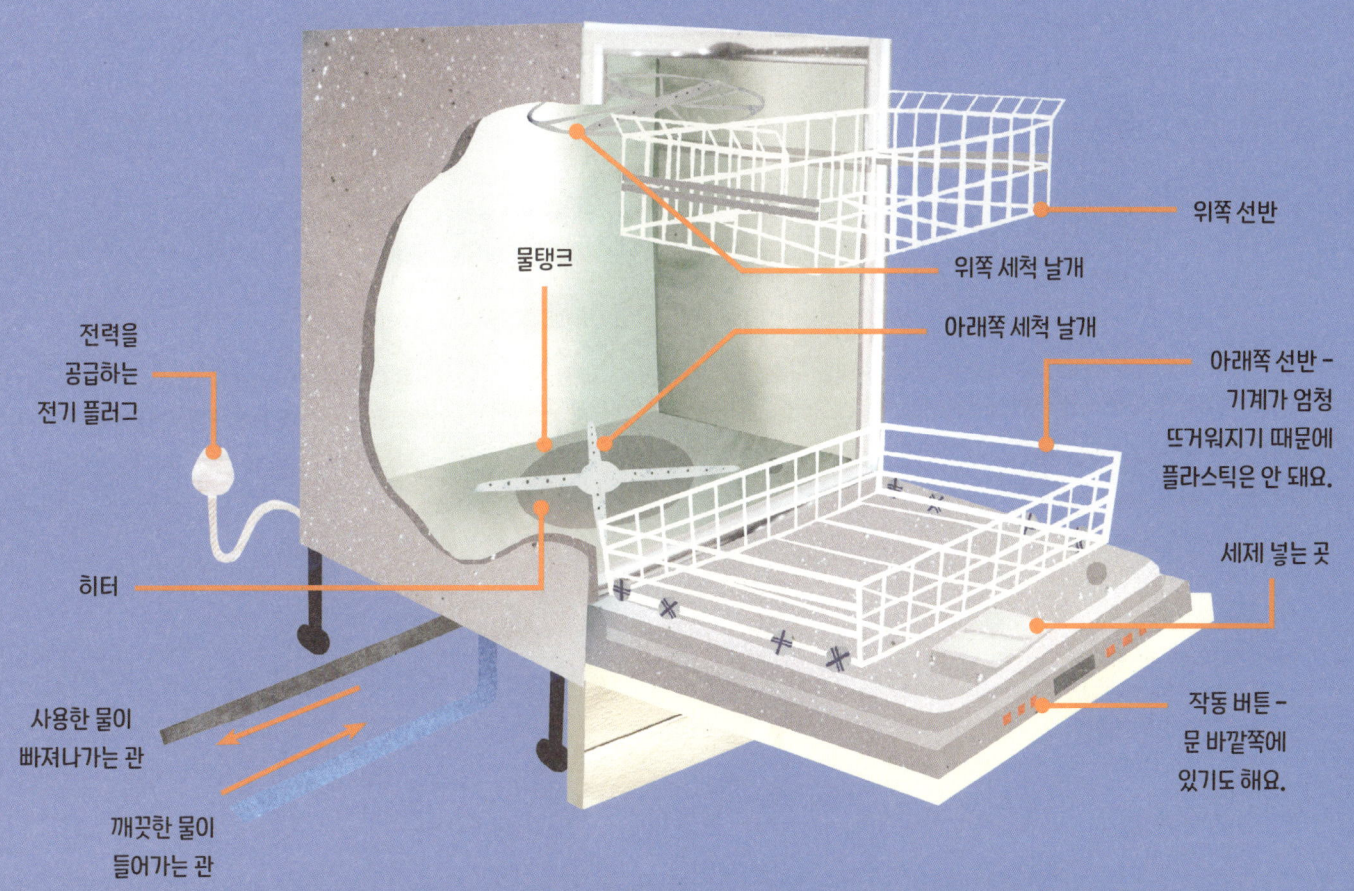

물탱크

위쪽 선반

위쪽 세척 날개

아래쪽 세척 날개

전력을
공급하는
전기 플러그

아래쪽 선반 –
기계가 엄청
뜨거워지기 때문에
플라스틱은 안 돼요.

세제 넣는 곳

히터

작동 버튼 –
문 바깥쪽에
있기도 해요.

사용한 물이
빠져나가는 관

깨끗한 물이
들어가는 관

진공청소기는 어떻게 먼지를 빨아들일까?

진공청소기는 먼지를 빨아들여요. 우리가 빨대로 주스를 쪽 빨아 먹는 것처럼 말이에요. 빨대에 입을 대고 빨면 빨대 안쪽에 있던 공기가 밖으로 빠져나오면서 그 자리를 컵에 있던 주스가 채우게 되지요. 진공청소기도 이와 비슷하답니다. 전원 버튼을 누르면 모터가 팬을 회전시켜 청소기 안의 공기를 밖으로 내보내요. 그러면 청소기 흡입구 주위의 공기가 먼지와 함께 청소기 안으로 빨려 들어가 한가운데에 있는 먼지 통에 떨어지게 된답니다.

먼지가 빨려 들어가면 청소기 뒤쪽에 있는 배기구를 통해 공기가 밖으로 밀려 나가요. 배기구에는 먼지 알갱이를 가둬 두는 필터가 있죠.

전기 모터

팬

흡입구를 통해 공기를 빨아들여요.

먼지 통 (안에 주머니가 달린 것도 있어요.)

먼지

놀라운 사실

최초의 진공청소기는 덩치가 무척 컸어요. 이 청소기를 움직이려면 말이 끄는 마차가 필요했을 정도랍니다!

우아!
이게
뭐지?

이건 플라스마 공이에요. 공 한가운데에 있는 작고
동그란 물체에서 전기가 흘러나와요. 이 전기가
공 안에 가득한 보이지 않는 기체를 따라 흐르게
되는데, 그 과정에서 기체는 '플라스마'라는 상태로
변하지요. 플라스마는 이 사진처럼 꿈틀거리는
번개 같은 색색깔의 빛줄기를 만든답니다.

피아노는 어떻게 소리를 낼까?

피아노에는 52개의 하얀 건반과 36개의 검은 건반이 있어요. 건반마다 각각 다른 소리가 나요. 피아노 안에는 '현'이라는 수백 개의 줄이 있는데, 양끝이 모두 팽팽하게 당겨져 있지요. 피아노 건반은 지렛대 역할을 해요. 피아니스트가 건반 한쪽 끝을 누르면 피아노 안에 있는 다른 쪽 끝이 위로 올라가요. 이때 건반과 연결되어 있는 작고 부드러운 망치 같은 '해머'가 피아노 현을 때려요. 그러면 현이 아주 빠르게 진동하면서 특정한 소리가 울려 퍼지는 것이랍니다. 그러다 피아니스트가 건반에서 손을 떼면 '댐퍼'라는 것이 현의 흔들림을 멈춰서 소리가 멎어요.

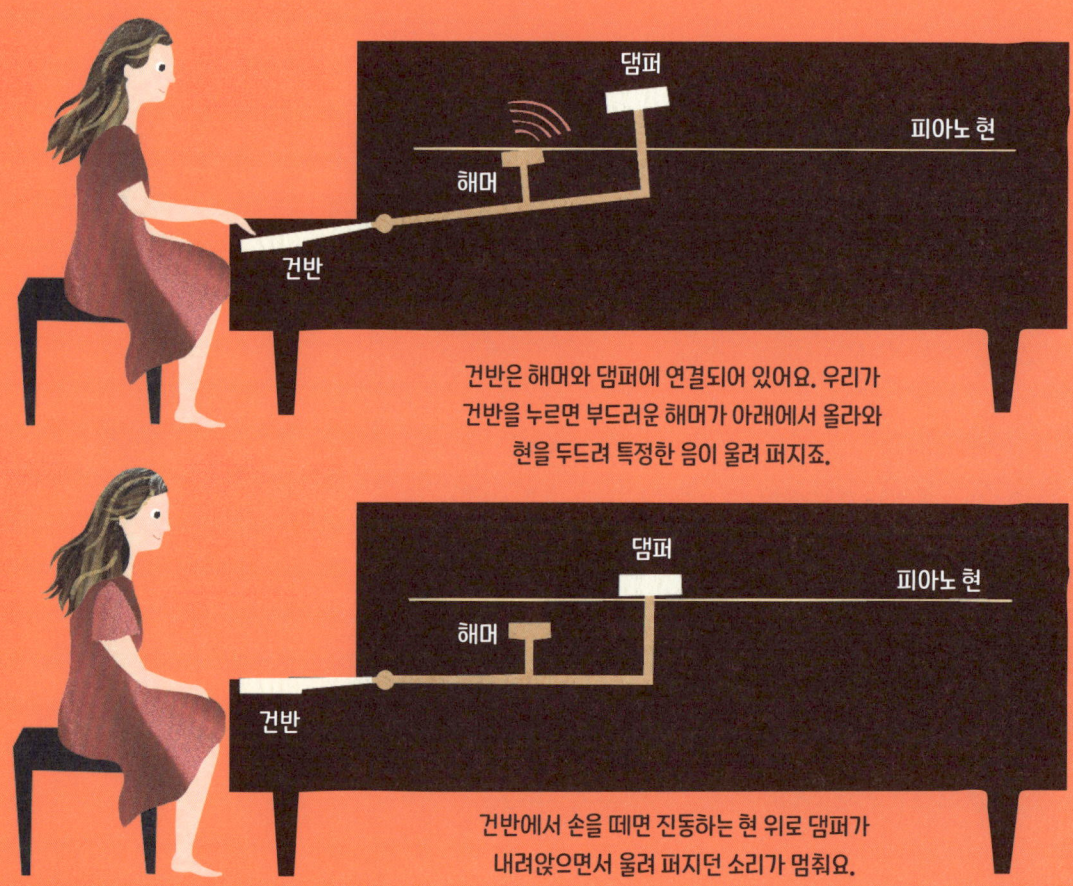

건반은 해머와 댐퍼에 연결되어 있어요. 우리가 건반을 누르면 부드러운 해머가 아래에서 올라와 현을 두드려 특정한 음이 울려 퍼지죠.

건반에서 손을 떼면 진동하는 현 위로 댐퍼가 내려앉으면서 울려 퍼지던 소리가 멈춰요.

놀라운 사실

피아노는 해머와 현을 둘 다 가지고 있어요. 그래서 바이올린 같은 '현악기'로 보기도 하고, 드럼 같은 '타악기'로 보기도 해요.

피아노 왼쪽에 있는 굵고 긴 현은 낮은 소리를 내요.

피아노 오른쪽에 있는 가늘고 짧은 현은 높은 소리를 내요.

전기는 어떻게 만들어질까?

전기는 '원자'라는 작은 입자에서 만들어져요. 우리 주위에 있는 세상의 모든 것들은 원자로 이루어져 있어요. 나무, 장난감, 자동차, 이 책, 심지어 우리 몸도요! 원자는 너무 작아서 우리 눈에 보이지 않아요. 그런데 원자 안에는 원자보다도 더 작은 입자인 '전자'가 있어요. 이 전자들은 원자의 중심을 빙글빙글 돌고 있지요. 보통 전자들은 자기 원자에 붙어 있지만 가끔 다른 원자로 뛰어넘어 가기도 해요. 이때 전기의 흐름인 '전류'가 생긴답니다. 전류는 콘센트나 배터리에서 출발해 전선을 타고 여러 가지 기계로 흘러가 작동하게 해 주어요. 전구에 불이 들어오고, 선풍기의 날개가 돌아가고, 전자레인지가 음식을 데우는 것도 전부 다 전기 덕분이에요.

전선

배터리

전자의 흐름

전류는 콘센트나 배터리에서 시작해 회로를 통해 흘러요. 덕분에 크리스마스트리 전구에 불이 반짝반짝 들어오지요. 배터리에서 나온 전류는 항상 음극(−)에서 양극(+)으로 흐른답니다.

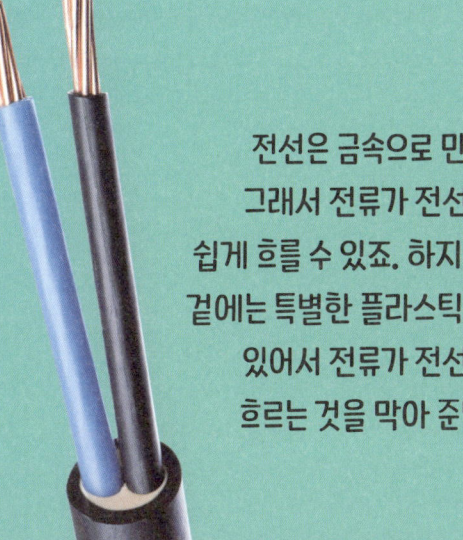

전선은 금속으로 만들어요. 그래서 전류가 전선을 타고 쉽게 흐를 수 있죠. 하지만 전선 겉에는 특별한 플라스틱이 덮여 있어서 전류가 전선 밖으로 흐르는 것을 막아 준답니다.

궁금해! 누가 좀 알려 줘

지금까지 가장 비싸게 팔린 자동차는 얼마나 비쌀까?

메르세데스 벤츠에서 나온 자동차로, 우리나라 돈으로 약 2,000억 원이었대!

세계에서 가장 높은 건물은 얼마나 높을까?

아랍 에미리트 두바이에 있는 '부르즈 할리파' 빌딩으로, 높이가 무려 828미터에 달해!

잠수함은 얼마나 깊이 잠수할 수 있을까?

보통 450미터까지 할 수 있대!

물을 내리는 변기는 얼마나 오래 전에 발명되었을까?

약 430년 전에 발명되었대!

역사상 가장 긴 비행시간은 얼마나 길었을까?

2달도 넘어!

놀라운 사실

바나나로도 터치스크린을
작동시킬 수 있답니다.
신기하죠!

터치스크린은 어떻게 작동할까?

터치스크린은 여러 겹의 투명한 플라스틱 층과 유리 층으로 이루어져 있어요. 맨 위에는 전기가 잘 통할 수 있도록 아주 얇은 금속 층이 덮여 있지요. 우리가 손가락으로 화면을 콕 누르면 그 부분만 전기의 흐름이 달라져요. 화면 안에 있는 제어 장치는 이러한 변화를 알아내서 컴퓨터가 이해할 수 있는 신호로 바꿔요. 그리고 이 신호를 스마트폰과 같은 기계의 컴퓨터 프로그램으로 전달해서 원하는 작업을 처리하지요. 그 덕분에 우리는 스마트폰 화면을 눌러 편리하게 사용할 수 있답니다.

터치스크린 중에는 손가락으로 화면을 꾹 눌러야 작동하는 것도 있어요. 이때 화면의 맨 위층이 아래층에 닿아서 그 부분에 전류가 흐르게 된답니다.

손가락이 살짝 닿기만 하면 작동하는 터치스크린도 있어요. 스마트폰에 많이 사용하는데, 손가락의 약한 전기 때문에 손가락이 닿는 부분의 전기 흐름이 바뀌는 원리예요.

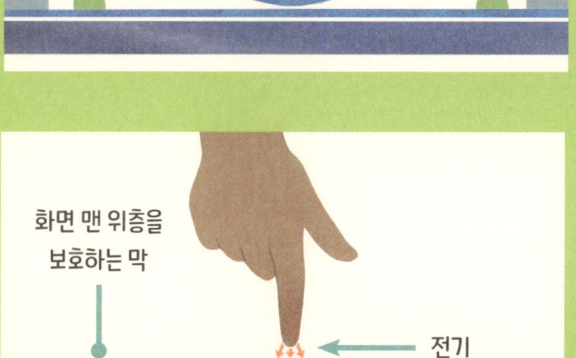

화면 맨 위층

화면 맨 위층을 보호하는 막

전기

지구

수정은 어떻게 만들어질까?
신기한 자연 현상으로 가득한
지구에 관한 모든 궁금증!

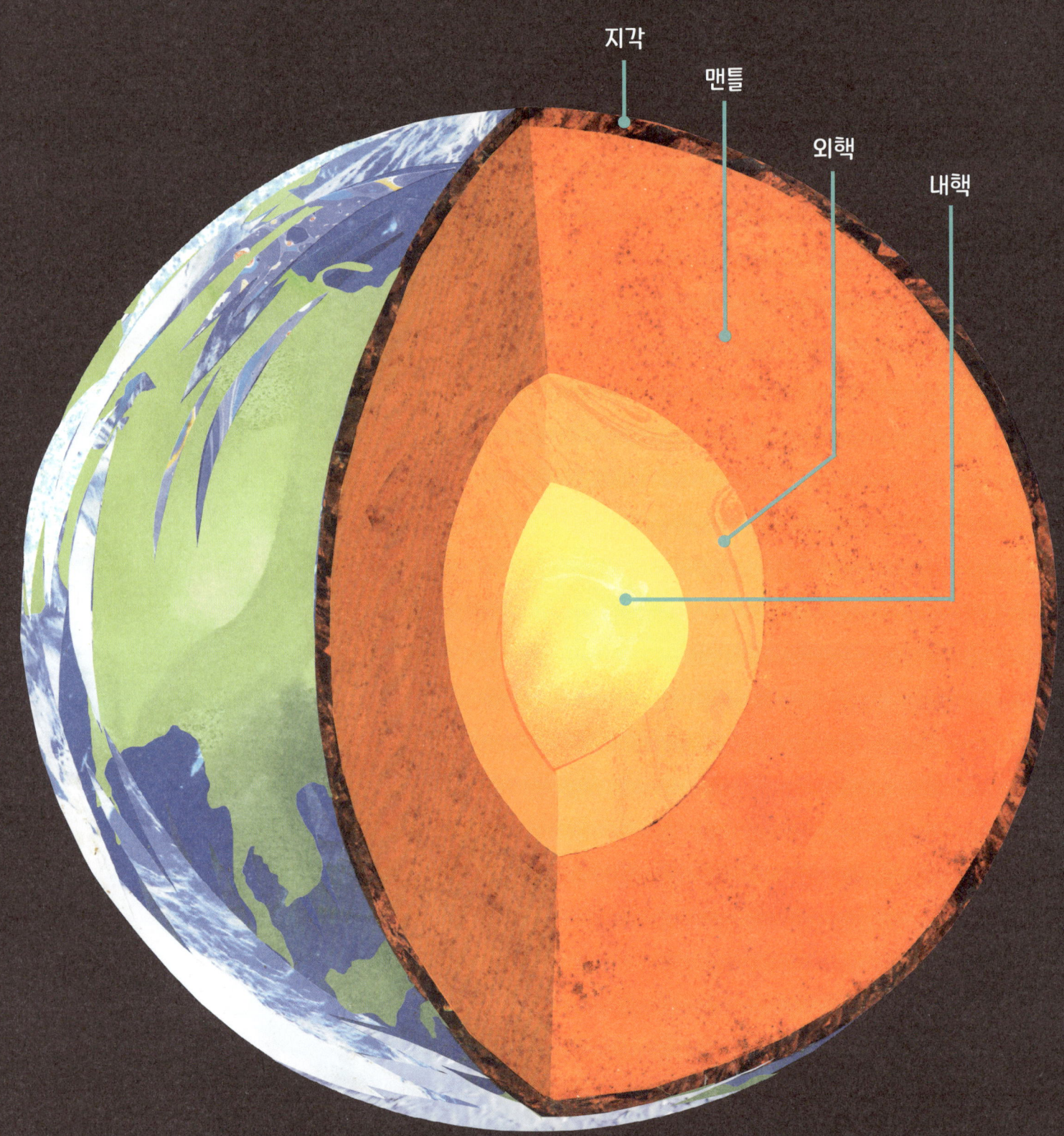

지각

맨틀

외핵

내핵

지구는 여러 층으로 되어 있어요. 지구 가장 바깥 부분은 '지각'이라는 얇고 단단한 껍데기로 둘러싸여 있는데,
바로 우리가 살아가는 곳이에요. 지각 아래에는 '맨틀'이 있어요. 맨틀은 바위가 반쯤 녹은 상태인 '마그마'로
이루어져 있지요(화산이 폭발하면 마그마가 뿜어져 나오는데, 그걸 '용암'이라고 해요). 그리고 지구의
한가운데에 있는 '핵'은 대부분 철과 니켈로 이루어져 있답니다. 바깥쪽의 '외핵'은 아주 뜨거워서 철이
꿀처럼 녹아 흘러요. 반면에 안쪽의 '내핵'은 고체 상태의 금속이지요.

땅을 얼마나 깊게 파야 지구의 중심에 닿을까?

땅을 약 6,371킬로미터 파고 들어가면 지구의 중심에 닿을 수 있어요. 이건 에베레스트산을 727개나 쌓아 올린 높이와 비슷해요. 그러니 지구의 중심까지 땅을 파려면 어마어마하게 오랜 시간이 걸리겠지요. 게다가 땅 밑으로 내려갈수록 엄청 더워질 거예요. 땅 파는 게 힘들어서 더운 것만이 아니에요. 지구의 중심에 가까워질수록 온도가 아주 높아지기 때문이랍니다. 지구의 중심은 무척 뜨거워서 우리는 1초도 버틸 수 없어요. 그러니 절대 가지 마세요!

놀라운 사실

사람이 판 세계에서 가장 깊은 구멍은 러시아 콜라반도의 '콜라 시추공'이에요. 깊이가 무려 1만 2,300미터에 달하지요. 과학자들은 지구의 지각을 탐구하기 위해 22년 동안 구멍을 팠지만, 기계가 더 이상 땅속의 뜨거운 열을 견디지 못해 1992년에 종료되었어요.

지구에서 가장 높은 에베레스트산은 높이가 8,849미터예요.

콜라 시추공은 사람이 판 구멍 가운데 가장 깊어요. 땅 밑으로 1만 2,300미터나 내려가요.

바닷속에서 가장 깊은 곳은 태평양의 '마리아나 해구'예요. 바다 표면에서 1만 1,000미터나 내려가요.

화산은 어떻게 폭발할까?

땅과 바다를 포함한 지구의 가장 바깥층을 '지각'이라고 해요.
지각 아래의 깊숙한 곳이 아주 뜨거워지면 바위가 녹아 '마그마'가
되어요. 마그마는 바위보다 가벼워서, 지각에 틈이 생기면 그 틈을
통해 땅 위로 올라오지요. 마그마는 천천히 스며 나오기도 하고,
때때로 펑! 하고 폭발하듯 터지며 화산재와 연기를 하늘 높이
내뿜기도 한답니다.

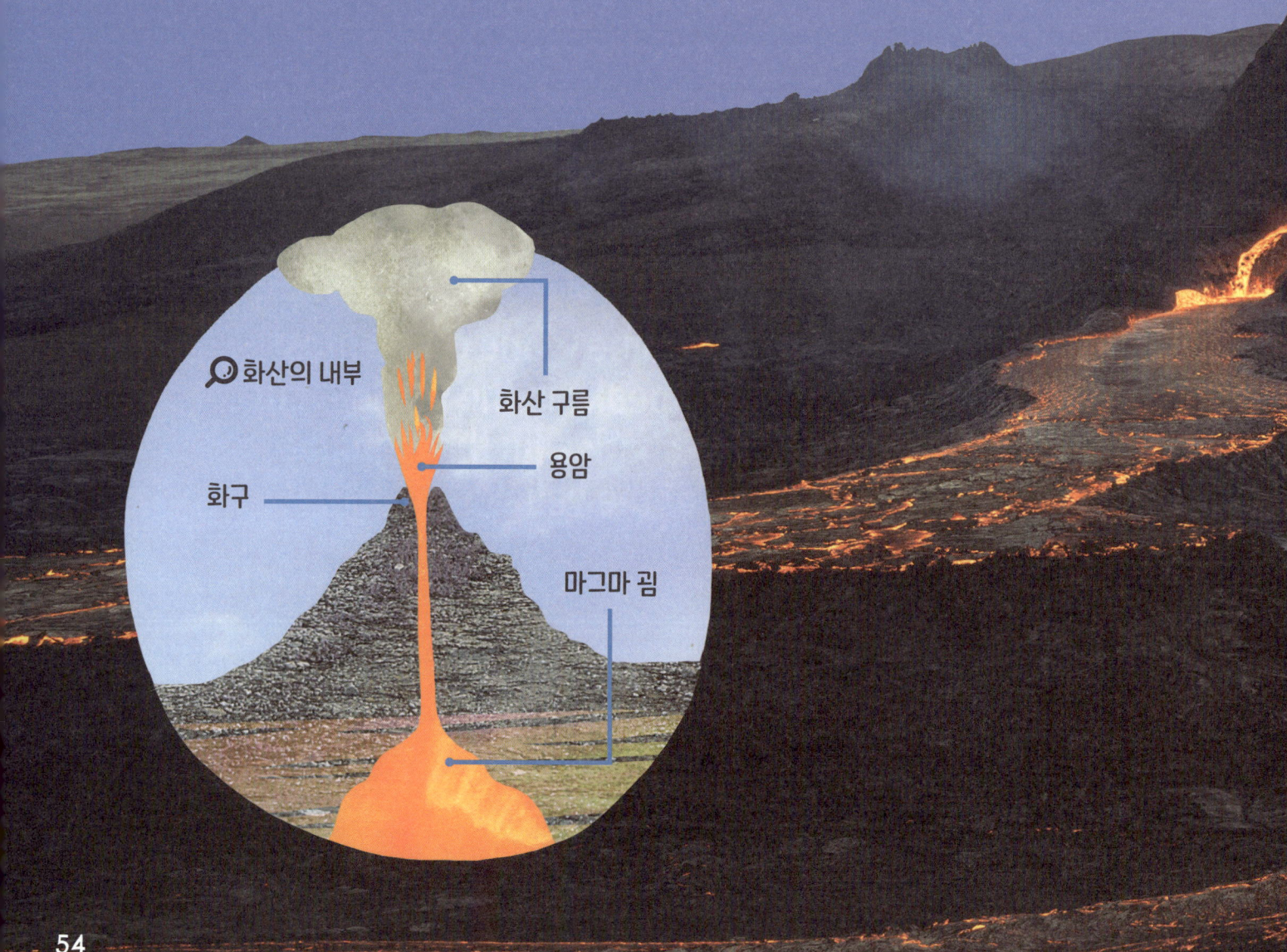

화산의 내부

화산 구름

용암

화구

마그마 굄

땅속에서 땅 위로 올라온
마그마를 '용암'이라고 불러요.
용암이 식으면 새로운
암석이 만들어져요.

놀라운 사실

화산은 바닷속에서도
폭발한답니다! 바닷속
깊숙한 곳에는 수천
개의 화산이 있어요.

중국 장예 단샤 국립
지질 공원에서 발견된
퇴적암이에요.

암석의 종류는 얼마나 많을까?

지구에는 수백 종류의 암석이 있어요. 암석은 다양한 광물로 이루어져 있는데, 안에 어떤 광물이 들어 있는지에 따라 암석이 화려한 색을 띠기도 하고, 매끄럽거나 울퉁불퉁하기도 하고, 반짝이거나 얼룩과 줄무늬가 있기도 해요. 또 암석이 어디서 어떻게 만들어졌는지에 따라서도 종류가 달라지지요. 암석의 종류는 크게 '화성암', '변성암', '퇴적암' 3가지로 나뉘어요.

화성암은 마그마가 식어서 굳어져 만들어진 암석이에요.

변성암은 화성암과 퇴적암이 뜨거운 열이나 압력을 받아 모양과 성질이 변한 암석이에요.

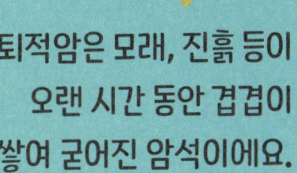

퇴적암은 모래, 진흙 등이 오랜 시간 동안 겹겹이 쌓여 굳어진 암석이에요.

수정은 어떻게 만들어질까?

수정은 물웅덩이나 물방울 속의 아주 작은 미네랄 조각에서 시작되어요. 물은 땅속 깊은 곳이나 바위의 아주 작은 틈으로 스며들지요. 이렇게 스며든 물속의 미네랄은 주변의 거친 표면에 달라붙어 점점 뭉치기 시작해요. 하지만 아무렇게나 뒤죽박죽 뭉치는 것은 아니랍니다. 정해진 규칙에 따라 아름답고 질서 있게 배열되면서 작은 수정이 만들어지기 시작하는 거예요. 시간이 지날수록 더 많은 미네랄이 모여서 수정은 점점 커다랗게 자라요. 또한 뜨거운 마그마가 서서히 식을 때, 마그마 안에 들어 있던 미네랄이 규칙적으로 재배열되면서 수정이 만들어지기도 해요.

원석은 반짝거리고 색깔이 있는 수정이에요.

수정은 직사각형, 삼각형, 사각형 등 여러 가지 모양으로 자라나요.

놀라운 사실

건강하고 좋은 흙 1티스푼
속에는 전 세계 사람들보다
더 많은 수의 생물이
들어 있어요.

작은 '얼버둥'은 미생물과 식물을 먹고 분해하여 흙을 건강하게 유지시켜 주어요.

땅속에는 얼마나 많은 생물이 살까?

우리 발밑의 땅속에 얼마나 많은 생물이 사는지 알고 있나요? 이 지구상의 모든 생물의 무려 절반 이상이 땅속에 살고 있어요. 참 이상한 일이지요. 막상 땅을 파 보면 지렁이, 벌레, 거미 몇 마리만 겨우 볼 수 있으니까요. 하지만 과학자들이 현미경으로 흙을 들여다본 결과, 땅속에는 벌레 외에도 맨눈으로는 볼 수 없을 만큼 아주 작은 수십억 개의 생명체가 살고 있다는 것을 발견했어요. 박테리아와 곰팡이 같은 이런 작은 생물들 덕분에 지구에 식물이 쑥쑥 자라나고, 땅이 건강하게 유지되는 것이랍니다.

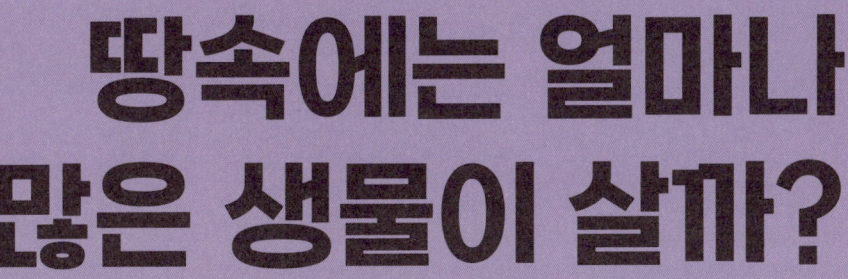

'날개응애'는 떨어진 나뭇잎과 나무를 갉아 먹어요.

씨앗은 어떻게 싹이 틀까?

식물은 대부분 씨앗에서 자라나요. 씨앗은 크기와 모양이
다양해요. 코코넛처럼 커다란 것도 있고, 양귀비 씨앗처럼
1밀리미터가 안 되는 것도 있지요. 씨앗 안에서는 아주 작은
식물이 더 크게 자랄 날을 기다리고 있어요. 이제 넉넉한 흙,
물 약간, 햇볕만 있으면 싹이 틀 수 있답니다. 시간이 지나면
씨앗이 갈라지고 그 사이로 뿌리와 싹이 나오지요. 뿌리는
아래로, 싹은 위로 점점 자라나요. 그러다 흙 위로 싹이 빼꼼
고개를 내밀어요!

이 줄무늬 씨앗은
자라서 해바라기가
될 거예요.

싹

뿌리

뾰족한 씨앗 끄트머리에서
뿌리와 싹이 자라기 시작해요.

뿌리는 아래로,
싹은 위로 자라요.

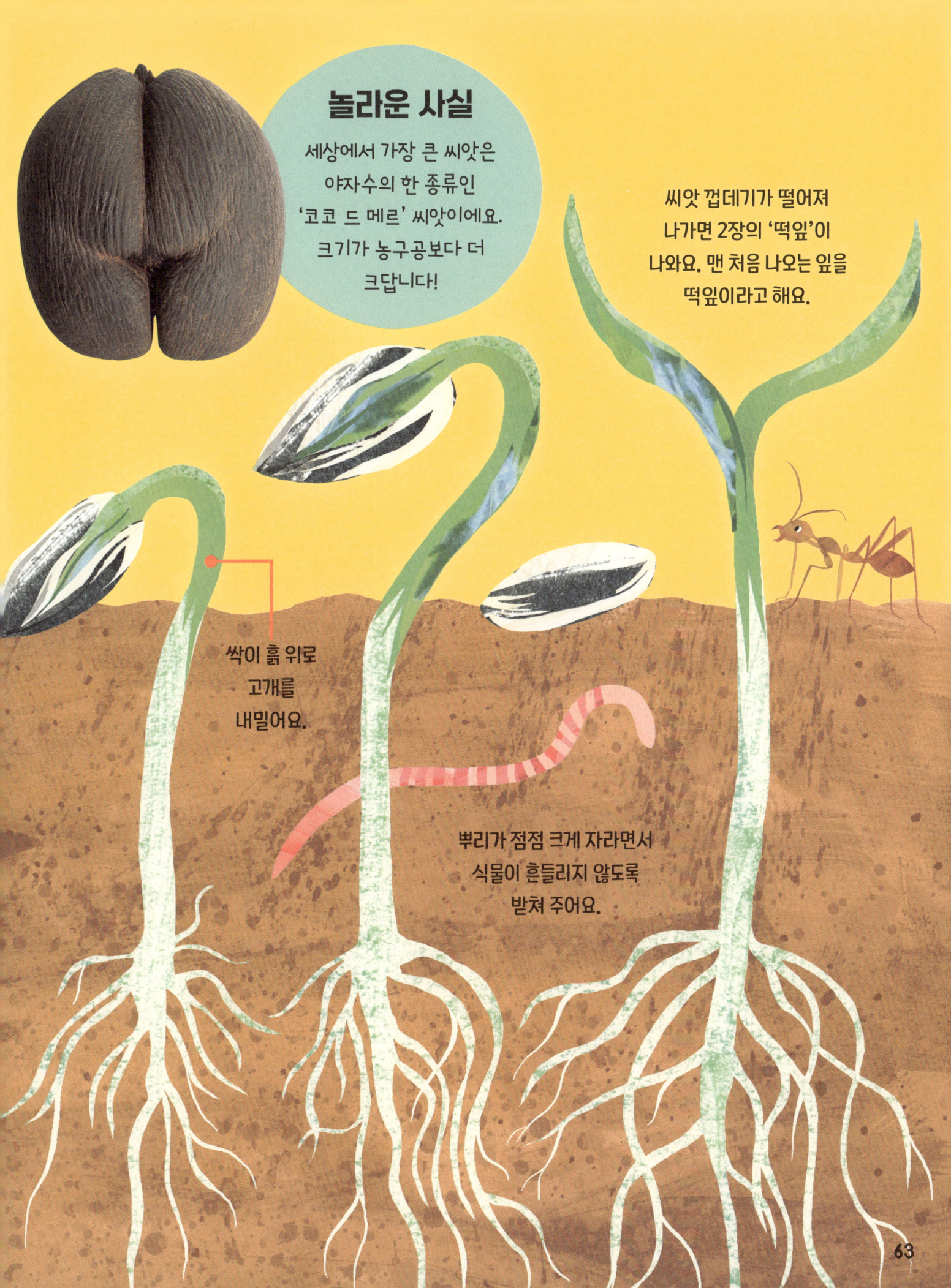

놀라운 사실

세상에서 가장 큰 씨앗은
야자수의 한 종류인
'코코 드 메르' 씨앗이에요.
크기가 농구공보다 더
크답니다!

씨앗 껍데기가 떨어져
나가면 2장의 '떡잎'이
나와요. 맨 처음 나오는 잎을
떡잎이라고 해요.

싹이 흙 위로
고개를
내밀어요.

뿌리가 점점 크게 자라면서
식물이 흔들리지 않도록
받쳐 주어요.

잎

우아!
이게
뭐지?

줄기

가시털

이건 '쐐기풀'을 확대한 사진이에요. 쐐기풀에 살이 닿으면
톡 쏘인 것처럼 아파요. 쐐기풀을 뒤덮고 있는 작고 뾰족한
'가시털'에는 '포름산'이라는 물질이 들어 있는데, 이 성분이
피부를 자극하기 때문이지요. 벌이나 개미 같은 곤충들도
몸 안에 포름산을 가지고 있답니다. 포름산은 우리 피부를
쓰라리게 하지만 쐐기풀에게는 큰 도움을 주어요. 그 덕분에
동물들이 쐐기풀을 먹거나 망가뜨리지 못하니까요.

선인장은 어떻게
사막에서 살아남을까?

사막에는 비가 거의 내리지 않아요. 내리쬐는 햇볕을 가려 줄
구름도 없어서 땅은 절절 끓을 만큼 뜨겁죠. 다행히 선인장은
사막에서 살아남기 위한 특별한 방법이 있답니다. 선인장의 잎과
줄기는 왁스를 칠해 놓은 듯이 매끈매끈해서 안쪽에 모아 놓은 물이
빠져나가지 않아요. 그리고 뿌리는 얕고 넓게 퍼져 있어서 비가
내리면 빠르게 물을 빨아들일 수 있지요. 선인장은 통통한 줄기에
소중한 물을 저장해요. 그런데 선인장 줄기를 뒤덮고 있는 수많은
가시는 어떤 일을 하는 걸까요? 가시는 목마른 동물들이 선인장을
먹지 못하게 막아 줄 뿐만 아니라, 조그만 양산처럼 선인장에게
그늘을 만들어 준답니다.

놀라운 사실

'힐라딱따구리'는 수분이 많은
사와로 선인장 줄기를 쪼아서
구멍을 뚫은 다음 몇 달 동안
말려요. 선인장이 굳어서
단단해지면 그 속으로 들어가서
둥지를 튼답니다.

과학자들에 따르면,
선인장은 90퍼센트
정도가 물로 이루어져
있다고 해요.

나무에서 나오는 끈적끈적한
액체에 작은 곤충들이 갇히기도
해요. 시간이 지나면 액체가
단단하게 굳어져서 '호박'이
되는데, 호박 속의 곤충들은
오랫동안 보존되지요.

멸종된 생물의 생김새를 어떻게 알 수 있을까?

화석은 아주 오래 전 지구에 살았던 동식물의 흔적이 돌처럼 단단하게 굳어진 거예요. 과학자들은 멸종된 동물의 뼈와 이빨, 발자국, 똥 화석을 보고 동물의 크기와 생김새는 물론이고, 어떻게 움직였는지, 무엇을 먹고 살았는지도 알아낸답니다. 가끔씩 수천 년 전에 살았던 동물이 얼음이나 습지에서 옛날 상태 그대로 발견되기도 해요. 그러면 동물의 귀 모양이나 털 색깔과 같은 더욱 자세한 정보도 알 수 있지요.

'털매머드'는 지금으로부터 약 4,000년 전에 모두 멸종한 동물이에요. 하지만 과학자들은 털매머드의 뼈 화석이나 꽁꽁 얼어서 보존된 모습, 그리고 먼 옛날 사람들이 동굴 속에 그려 놓은 벽화를 통해서 생김새를 알아낸답니다.

궁금해! 누가 좀 알려 줘

전 세계에서 1분 동안
천둥이 얼마나 칠까?

약 2,000번!

세상에서
가장 높은 산은
얼마나 높을까?

에베레스트산은 높이가
8,849미터야!

강은 어떻게 만들어질까?

강은 산에서 졸졸졸 흘러내리는 작은 물줄기로부터 시작되어요. 시냇물이 아래로 흘러가면서 여러 물줄기들과 만나 점점 더 빠르고 거세져요. 여기저기 철벅철벅 부딪치며 흘러가는 과정에서 흙, 모래, 돌 등이 깎여 길이 만들어지지요. 이 길은 시간이 지날수록 점점 더 깊고 넓어지면서 강의 모양을 잡아 가게 되어요. 때로는 강이 산이나 언덕 같은 높은 절벽을 만나 폭포가 되기도 하고, 바위나 언덕 같은 장애물을 피해서 구불구불한 곡선을 그리며 흘러가기도 해요. 그렇게 강은 흐르고 흘러서 결국에는 바다나 커다란 호수에 도착하게 된답니다.

놀라운 사실

아주 먼 옛날, 도시가 생기고 문화가 발달한 곳에는 모두 큰 강이 흐르고 있었답니다.

동굴은 어떻게 만들어질까?

동굴이 만들어지는 방법에는 여러 가지가 있어요. 바위가 오랜 시간 파도에 부딪쳐 만들어지기도 하고, 지진이나 화산 활동, 또는 빙하에 의해 동굴이 만들어지기도 하지요. 그러나 대부분의 동굴은 땅속에 스며든 비가 아래에 있던 바위틈으로 천천히 흘러 들어가면서 만들어져요. 원래 빗물은 아주 약간 '산성'을 띠고 있는데, 빗물이 스며드는 흙도 마찬가지예요. 이 산성을 띤 빗물에 바위가 서서히 녹기 시작하면서 바위 층에 구멍이 뚫려요. 시간이 지날수록 구멍은 점점 커져 마침내 사람이 들어갈 수 있을 만큼 커다란 공간이 되어요. 바로 이렇게 동굴이 만들어지는 것이랍니다!

석회암 동굴은 수백만 년에 걸쳐 만들어져요.

강

석회

동굴

종유석

석회암에
난 틈새

동굴

땅속 호수

석순

석주

오랜 시간 동안 동굴 천장에서 물방울이
떨어질 때, 물 안에 녹아 있던 석회질이
굳어 고드름 모양의 '종유석'이 되어요.
그리고 바닥으로 떨어진 물방울은 탑처럼 쌓여
'석순'이 되지요. 종유석과 석순이 서로 맞닿으면
'석주'라는 돌기둥이 된답니다.

'회오리바람'이라고도 부르는
토네이도는 시속 480킬로미터나
되는 속도로 소용돌이치는데,
자동차도, 나무도, 집도 모두
하늘로 날려 버릴 정도예요!

어떤 토네이도는 마치 엄청나게 큰 코끼리 코가 하늘에서 내려오는 것처럼 생겼어요.

놀라운 사실

대부분의 사람들은 토네이도를
만나면 재빨리 도망치지만,
'토네이도 사냥꾼'들은 목숨을 걸고
토네이도에 최대한 가까이 다가가요.
토네이도에 대해 더 자세히
알고 싶어서래요.

토네이도는
어떻게 생기는 걸까?

토네이도는 주로 '적란운'이라는 구름이 있을 때 생겨요. 적란운은 높고 거대한 비구름으로, 천둥번개를 일으켜요. 빠르게 위로 올라가는 따뜻한 공기와 아래로 내려가는 차가운 공기가 적란운 안에서 강하게 충돌하면서 소용돌이치는 바람기둥이 만들어져요. 바람기둥의 회전 속도가 빨라지면 적란운 아래에 깔때기 모양의 구름이 생기지요. 이 구름이 땅 위의 따뜻한 공기를 계속 빨아들여 점점 크고 길어지다가, 땅과 맞닿는 순간 무시무시한 토네이도가 된답니다.

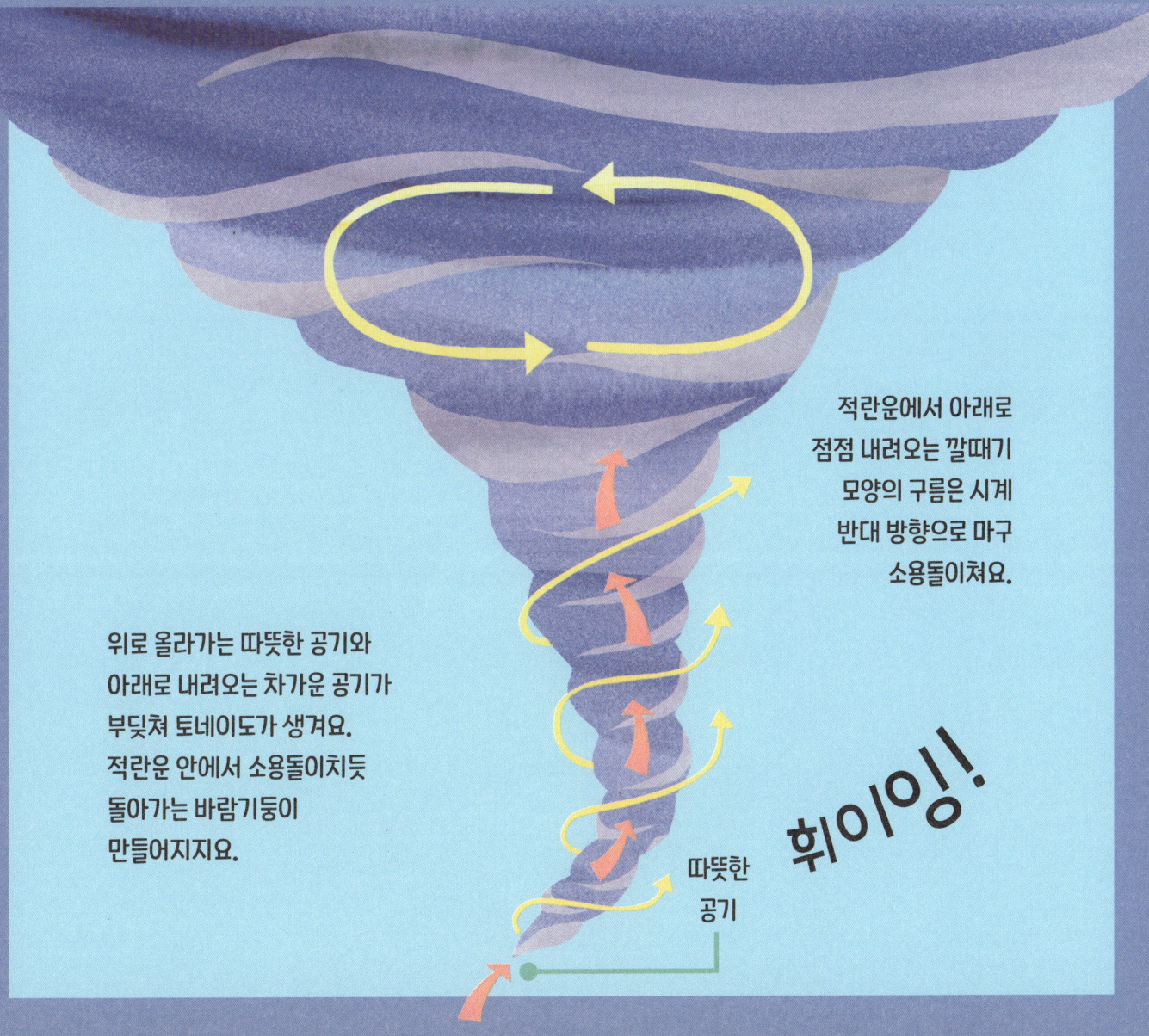

적란운에서 아래로 점점 내려오는 깔때기 모양의 구름은 시계 반대 방향으로 마구 소용돌이쳐요.

위로 올라가는 따뜻한 공기와 아래로 내려오는 차가운 공기가 부딪쳐 토네이도가 생겨요. 적란운 안에서 소용돌이치듯 돌아가는 바람기둥이 만들어지지요.

따뜻한 공기

휘이잉!

눈은 어떻게 만들어질까?

구름 속에는 아주 작은 물방울들이 있는데,
기온이 낮아지면 이 물방울들이 먼지 주변에
달라붙어서 아주 작은 얼음 알갱이가 되어요.
이 얼음 알갱이들이 서로 만나 달라붙으면서 점점
커다란 눈송이가 되지요. 눈송이가 충분히 커져서
너무 무거워지면 구름에서 떨어져 눈이 되어
내린답니다. 펄펄~.

눈송이를 아주아주 가까이에서 들여다본 모습이에요! 눈송이는 항상 육각형 모양을 하고 있지요. 모두 비슷해 보이지만 세상에 똑같이 생긴 눈송이는 없답니다.

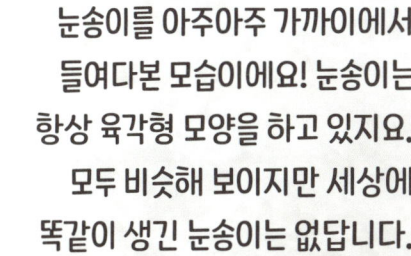

캠프파이어 불을 피우기 위해서는
3가지가 필요해요. 연료(잔뜩 쌓은 나무),
열(불을 붙일 성냥이나 라이터), 그리고
산소지요. 만약 이것들 중에 하나라도
없다면 불이 붙지 않아요. 3가지를 모두
갖춰야 캠프파이어가 활활 타오른답니다.
이제 마시멜로를 구워 먹자고요!

물로 어떻게 불을 끌까?

활활 타오르는 불에 물을 조금 부어도 불이 완전히 꺼지지는 않아요. 하지만 캠프파이어의 장작처럼 불에 타던 것이 물에 젖으면 온도가 낮아지고, 물을 뚫고 계속 타올라야 하니 불은 점점 약해지지요. 불이 계속 타오르기 위해서는 산소가 꼭 필요하기 때문에, 어떻게든 공기가 들어가지 못하게 막아 주면 불이 완전히 꺼지게 돼요. 그러니 물을 충분히 많이 부으면 된답니다!

놀라운 사실

불꽃은 색깔이 다양해요.
빨간색, 주황색도 있고
노란색, 흰색도 있답니다.
불꽃이 아주아주 뜨거워지면
푸른색이 되기도 해요!

기상학자들은 날씨를 어떻게 예측할까?

날씨를 연구하는 과학자들을 '기상학자'라고 해요.
기상학자들은 전 세계 곳곳에 설치한 기상 관측
기구를 이용해 정보를 모으지요. 땅에서, 바다에서,
하늘에서, 심지어는 우주에서도 정보를 가져와요!
예를 들면 비가 얼마나 내렸는지, 바람이 얼마나
강하게 불고 있는지, 기온이 몇 도인지 등과 같은
정보들이지요. 이런 수많은 정보를 엄청난 고성능
컴퓨터에 입력하면 며칠 뒤의 날씨를 알아낼 수
있답니다. 대단하죠?

놀라운 사실

솔방울로도 날씨를 알 수
있어요. 건조한 날에는
솔방울 비늘이 벌어지고,
습한 날에는 비늘이
오므라들어요.

🔍 날씨와 관련된 다양한
정보를 수집하는 기구들

우량계는 비가
내린 양을 재요.

온도계는 공기의
온도를 재요.

풍속계는 바람의
속도를 재요.

라디오존데는 특별한 장치를
매달고 하늘 높은 곳에서 날씨
정보를 수집하는 풍선이에요.

기압계는 기압(지구를 둘러싼 공기가
지구 표면을 누르는 힘)을 재요.

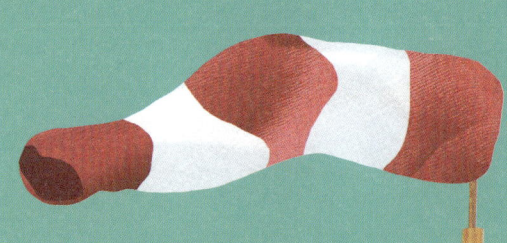

바람 자루는 바람의
방향을 알려 줘요.

인공위성이 우주에서 보내 준 구름 사진을 보고, 기상학자들은 폭풍의 위치와 크기 등을 알 수 있답니다.

지구는 '대기권'이라는 공기층으로 둘러싸여 있어요. 대기권은 높이에 따라 달라지는 온도를 기준으로 여러 층으로 나뉘지요. 각 층마다 독특한 특징이 있답니다.

5) 약 1만 킬로미터 높이까지가 '외기권'이에요. 대기권의 가장 바깥층으로, 공기가 거의 없고 지구와 우주가 연결되는 공간이에요.

4) 약 600킬로미터 높이까지가 '열권'이에요. 이름처럼 온도가 매우 높은 곳으로, 인공위성과 국제 우주 정거장은 열권에 머물며 지구 주변을 돌아요. 아름다운 오로라를 볼 수 있어요.

3) 약 80~85킬로미터 높이까지가 '중간권'이에요. 여기서부터 공기가 아주 부족해져요. 별똥별이 반짝이며 떨어지는 곳이에요.

2) 약 50킬로미터 높이까지가 '성층권'이에요. 성층권에는 '오존층'이라는 특별한 공기층이 있는데, 태양에서 나오는 해로운 자외선을 막아 지구의 생명체들을 보호해 주어요.

1) 지구 표면으로부터 약 10~20킬로미터 높이까지가 '대류권'이에요. 대기권 중에서 가장 낮은 층으로, 우리가 숨 쉬며 사는 곳이지요. 구름이 생기고, 날씨 변화가 일어나요.

하늘은 얼마나 높을까?

어디서부터 하늘이 끝나고 우주가 시작될까요? 지구 표면에서 약 100킬로미터 정도 올라가면 하늘과 우주를 구분하는 가상의 선인 '카르만 선'이 있어요. 우주 과학자 '테오도르 폰 카르만'의 이름을 딴 것인데, 카르만 선 위로 더 올라가면 공기가 거의 없기 때문에 비행기가 날 수 없다고 해요.

카르만 선

놀라운 사실

2014년에 앨런 유스터스는 높이 41킬로미터에서 스카이다이빙을 하여 세계 신기록을 세웠어요. 무려 성층권에서 뛴 거예요!

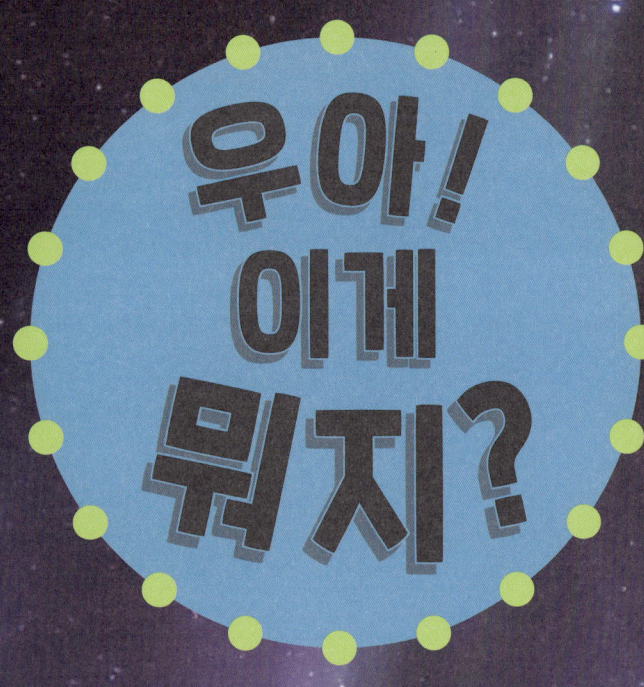

우아!
이게
뭐지?

이건 밤하늘을 아름답게 물들이는 오로라예요!
오로라는 마치 꿈속의 한 장면 같지만, 자연이
만들어 낸 신비한 현상이에요. 태양에서 나온
아주 작은 입자들이 지구의 대기와 부딪치면서
초록색, 보라색, 분홍색 등 다양한 색깔의 빛을
내지요. 오로라는 주로 추운 지역에 나타나요.

놀라운 사실

2019년에 탐험가 빅터 베스코보는 전 세계 바다에서 가장 깊은 마리아나 해구의 바닥까지 가는 데 성공했어요. 그곳에서 무엇을 발견했을까요? 새로운 심해 생물들과 비닐봉지 쓰레기였답니다.

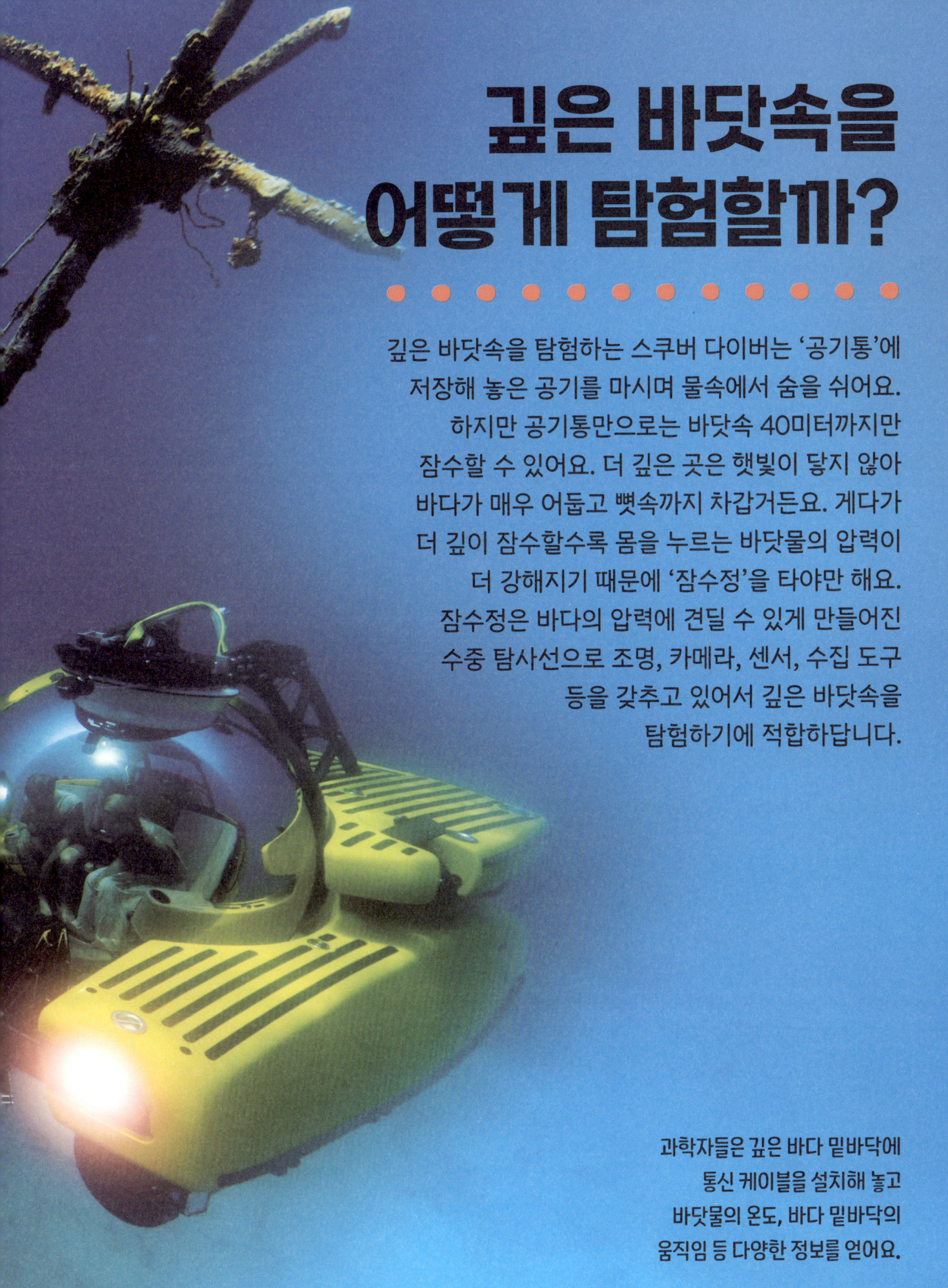

깊은 바닷속을 어떻게 탐험할까?

깊은 바닷속을 탐험하는 스쿠버 다이버는 '공기통'에 저장해 놓은 공기를 마시며 물속에서 숨을 쉬어요. 하지만 공기통만으로는 바닷속 40미터까지만 잠수할 수 있어요. 더 깊은 곳은 햇빛이 닿지 않아 바다가 매우 어둡고 뼛속까지 차갑거든요. 게다가 더 깊이 잠수할수록 몸을 누르는 바닷물의 압력이 더 강해지기 때문에 '잠수정'을 타야만 해요. 잠수정은 바다의 압력에 견딜 수 있게 만들어진 수중 탐사선으로 조명, 카메라, 센서, 수집 도구 등을 갖추고 있어서 깊은 바닷속을 탐험하기에 적합하답니다.

과학자들은 깊은 바다 밑바닥에 통신 케이블을 설치해 놓고 바닷물의 온도, 바다 밑바닥의 움직임 등 다양한 정보를 얻어요.

궁금해! 누가 좀 알려 줘

세상에서 가장 키가 큰 나무는 얼마나 클까?

세쿼이아는 최대 116미터까지 자란대!

지구에서 번개는 얼마나 자주 칠까?

1초에 약 50~100번!

세상에서 가장
오래된 나무는
몇 살일까?

미국 캘리포니아주에 있는
소나무 '므두셀라'는 나이가
무려 5,000살 정도래!

남극은 얼마나
추울까?

겨울에 기온이
영하 60도까지 내려간대.
북극보다 더 추워!

용암이 흐르는 속도는
얼마나 될까?

시속 약 10킬로미터!

신기한 사실

조그만 조약돌과 커다란 바위를
같은 높이에서 동시에
떨어뜨리면 어떻게 될까요?
둘 다 동시에 땅으로 떨어져요.
정말 신기하죠?

중력은 어떻게 작용할까?

• • • • • • • • •

만약 아주 힘센 사람이 있어서 커다란 코끼리를 하늘로 던진다면 어떻게 될까요? 코끼리는 높이 날아올랐다가 다시 땅으로 '쿵!' 하고 떨어질 거예요. 깃털을 공중으로 휙 날려도 마찬가지예요. 깃털은 천천히 땅으로 내려앉을 거예요. 코끼리와 깃털을 땅으로 끌어 내리는 것은 무엇일까요? 바로 보이지 않는 힘인 '중력'이에요. 중력은 물체를 끌어당기는 힘이지요. 중력은 지구의 모든 사물들을 지구의 중심을 향해 끌어당기고 있어요. 코끼리, 깃털, 그리고 우리들도 말이죠!

지구의 중력은 화살표 방향과 같이 모든 것을 지구 중심으로 끌어당기고 있어요. 그러니 지구가 공처럼 둥근 모양이라도 우리가 떨어져서 우주로 날아갈 걱정은 하지 않아도 된답니다.

우주

● ● ● ● ● ● ● ● ● ●

태양은 얼마나 뜨거울까?
드넓은 우주와 무수한
천체에 관한 모든 궁금증!

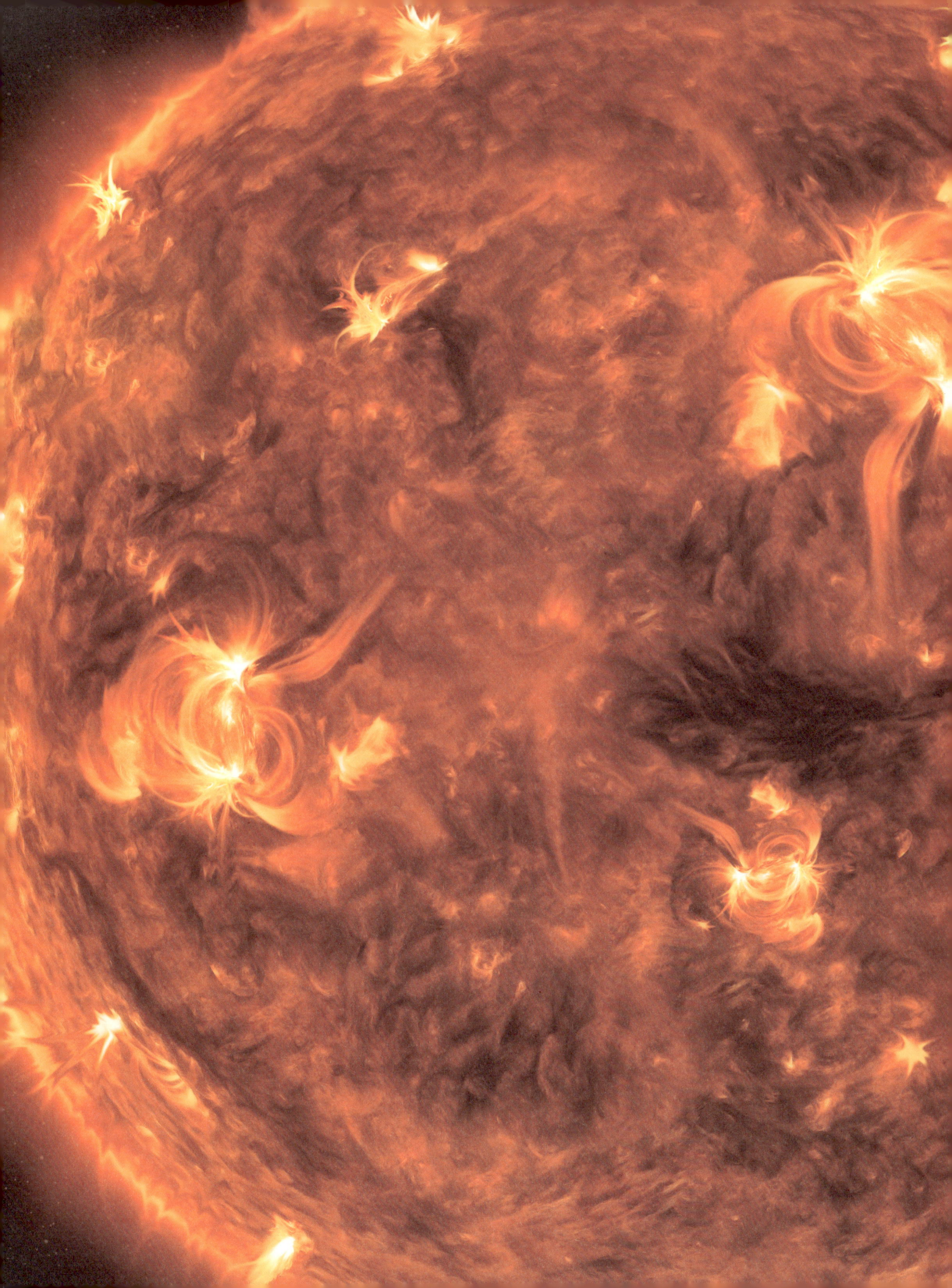

우주는 얼마나 클까?

우주는 너무나 커서 크기를 가늠하기가 무척 어려워요.
우주는 지금으로부터 약 140억 년 전 처음 생겨난 이후로
계속해서 커지고 있답니다. 과학자들이 확실히 알고 있는
것은, 지구가 태양계의 아주 작은 한 부분이라는 거예요.
태양계는 8개의 행성과 5개의 왜소행성, 약 290개의
위성, 130만 개의 소행성, 4,000개의 혜성으로 이루어져
있어요. 이 모든 천체가 태양계의 항성인 태양 주위를
돌고 있지요. 태양계는 수많은 별들이 모여 있는 '우리
은하'에 속해 있어요. 우리 은하에는 약 4,000억 개의
별이 있다고 해요. 이게 다가 아니에요! 우주에는 우리
은하 외에도 다른 은하가 몇 조 개나 되니까요. 그런데다
은하의 수는 계속 늘고 있어요. 과학자들이 지금도 열심히
찾아내고 있거든요.

놀라운 사실

지구와 달 사이의 공간은
엄청나게 넓어서 태양계의
모든 행성들이 다 들어갈 수
있을 정도래요.

우리는 지구라는 행성에 살고 있어요. 지구는 태양계에 속해 있는데, 태양계는 태양과 태양 주변을 도는 수많은 천체들이 있는 공간이에요. 지구와 7개의 다른 행성들도 포함해서요.

지구

태양계는 우리 은하에 속해 있어요.

우리 은하는 수없이 많은 은하들 중 하나예요.

성운에서 아기 별이 태어날 때 여러 별들이 함께 태어나요. 이렇게 함께 태어난 별들이 모여 있는 무리를 '성단'이라고 하지요. 성단이 가득한 성운을 '별의 요람'이라고 한답니다.

별은 어떻게 생겨날까?

별이 만들어지기까지는 수백만 년이라는 시간이 걸려요. 별은 먼지와 가스로 이루어진 거대한 구름인 '성운'에서 태어나요. 성운은 폭이 수조 킬로미터나 될 정도로 넓어서, 그 안에 들어 있는 먼지와 가스는 서로 멀리 떨어져 있지요. 그러다가 서로 끌어당기는 힘인 중력이 생기면서 먼지와 가스가 조금씩 뭉치기 시작해요. 뭉친 덩어리들끼리 또 부딪치면서 점점 더 커다래지고, 중력도 점점 더 강해지지요. 마침내 중력이 너무 강해지면 덩어리가 안쪽으로 무너지면서 한가운데가 아주 뜨거워지는데, 이 뜨거운 중심부가 바로 아기 별인 '원시별'이에요. 원시별은 시간이 지날수록 더 커지고 뜨거워지면서 반짝반짝 빛나는 진짜 별이 된답니다.

놀라운 사실

별은 색깔이 다양해요. 가장 뜨거운 별은 푸른색이거나 흰색이고, 가장 안 뜨거운 별은 노란색이거나 붉은색이죠. 하지만 가장 안 뜨겁다 해도 실제로는 아주아주 뜨겁답니다!

태양은 얼마나 뜨거울까?

불타오르는 거대한 가스 덩어리인 태양은 여러 층으로 이루어져
있어요. 각 층마다 온도가 다른데, 가장 뜨거운 곳은 태양의
중심부인 '핵'으로 온도가 무려 섭씨 1,500만 도나 되지요.
핵 바깥쪽에 있는 층은 섭씨 200만~700만 도 정도예요.
바깥쪽으로 갈수록 온도가 점점 낮아져 태양 표면은 섭씨
5,500도가 되지요. 이 정도도 다이아몬드가 녹아서 끓을 만큼
여전히 엄청나게 뜨거운 온도예요. 그런데 태양 표면의 바깥층인
'코로나'에서는 온도가 다시 껑충 뛰어올라, 태양 표면의
온도보다 약 300배나 더 뜨거워져요. 왜 그렇게 되는지는
과학자들도 아직 모른다고 해요.

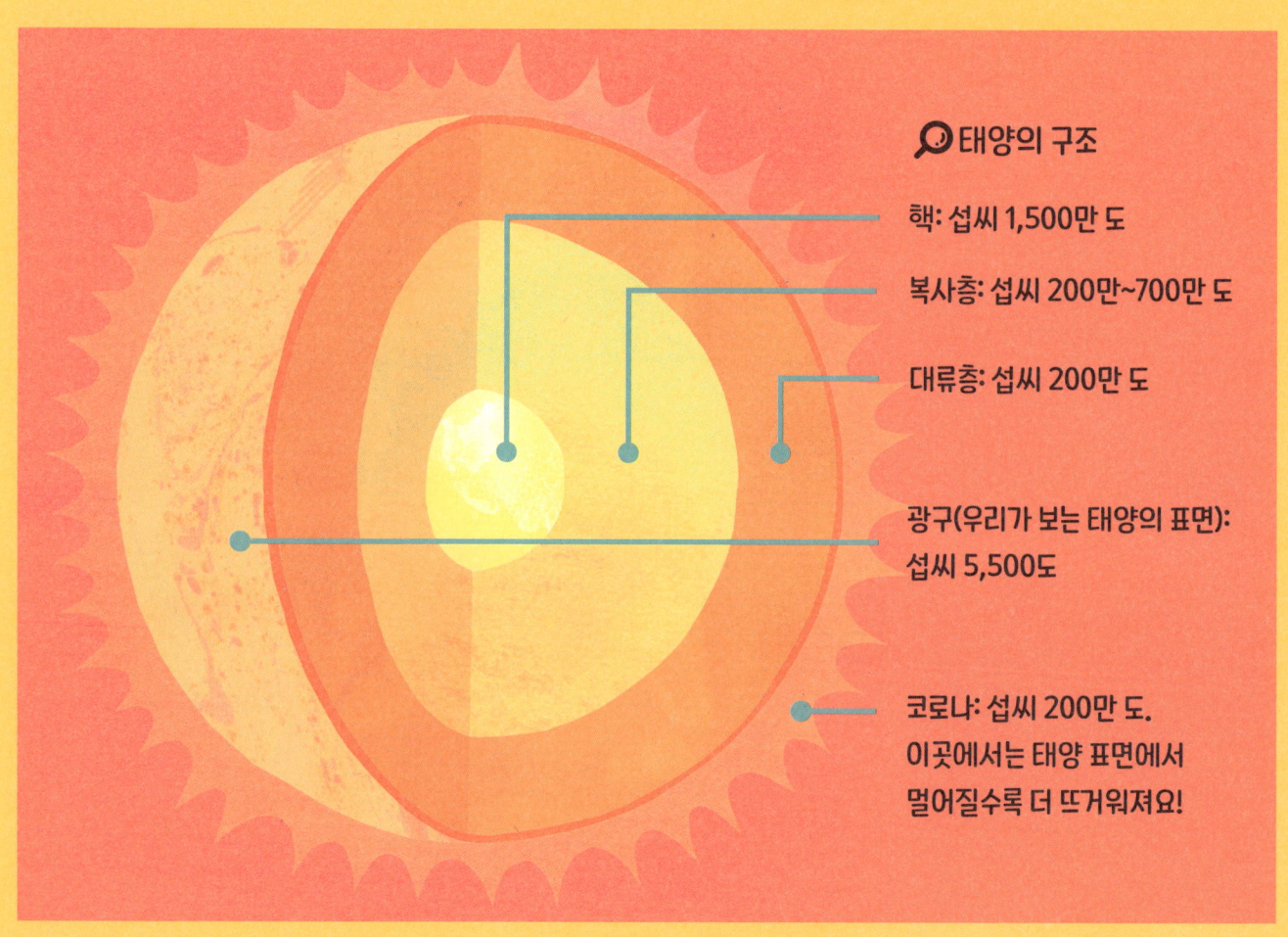

🔍태양의 구조

핵: 섭씨 1,500만 도

복사층: 섭씨 200만~700만 도

대류층: 섭씨 200만 도

광구(우리가 보는 태양의 표면):
섭씨 5,500도

코로나: 섭씨 200만 도.
이곳에서는 태양 표면에서
멀어질수록 더 뜨거워져요!

태양에서 오는 빛과 에너지 덕분에 지구의 생명체들이 살아갈 수 있어요.

101

놀라운 사실

달빛이 지구까지
오는 데 걸리는 시간은
약 1초랍니다!

달은 얼마나 멀리 있을까?

밤하늘의 커다란 보름달을 보고 있으면 달이 우리와 꽤 가까운 곳에 있다는 생각이 들어요. 하지만 사실 달은 지구와 약 39만 킬로미터나 떨어져 있어요. 이 거리는 지구 30개를 한 줄로 쭉 늘어놓은 것과 비슷해요! 달은 지구 주위를 한 달에 한 바퀴씩 빙글빙글 돌아요. 달이 지구를 도는 길인 '궤도'는 동그라미를 눌러 놓은 모양이라서, 달이 지구 주위를 도는 동안 때로는 지구와 조금 가까워지기도 하고 때로는 조금 멀어지기도 한답니다.

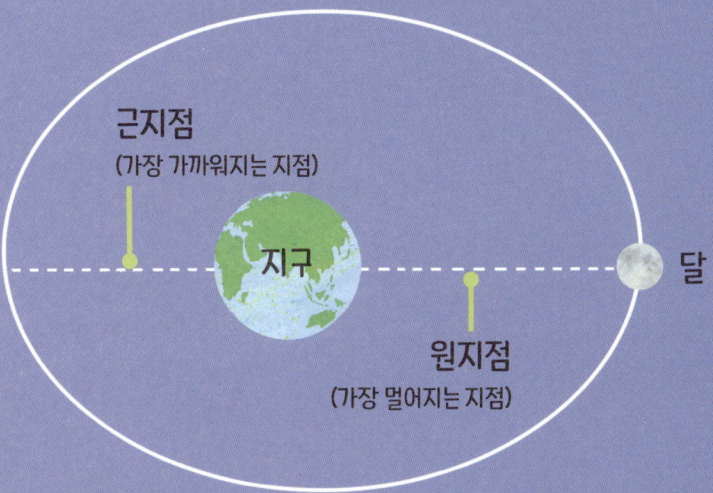

달이 지구 주위를 도는 궤도에서 지구와
가장 가까워지는 지점을 '근지점'이라고 해요.
반대로 가장 멀어지는 지점은 '원지점'이라고 하죠.

행성은 어떻게 떠다닐까?

우리 태양계에는 8개의 행성이 있어요. 수성, 금성, 지구, 화성, 목성, 토성, 천왕성, 해왕성이지요. 각각의 행성은 자기만의 궤도를 따라 태양 주위를 돌고 있어요. 이 궤도들은 서로 만나거나 겹치지 않기 때문에 행성끼리 부딪치지 않아요. 그런데 행성들은 궤도를 벗어나지 않고 어떻게 자기 궤도를 유지할 수 있는 걸까요? 바로 태양의 중력이 행성들을 끌어당기고 있기 때문이에요. 그렇다고 해서 행성들이 태양으로 끌려가서 충돌하지는 않아요. 왜냐하면 행성들이 아주 빠른 속도로 태양 주위를 돌고 있거든요. 이처럼 태양이 행성들을 끌어당기는 중력과 행성들이 궤도를 돌고 있는 속도가 균형을 이루고 있어서 행성들은 우주에서 안정적으로 떠다닐 수 있답니다.

놀라운 사실

비록 우리가 느끼지는 못하지만, 지구는 1초에 약 30킬로미터의 엄청난 속도로 태양 주위를 돌고 있어요.

목성

수성

지구

천왕성

소행성대

태양을 중심으로 주위를 빙글빙글 도는 길을 '태양 주회 궤도'라고 해요.

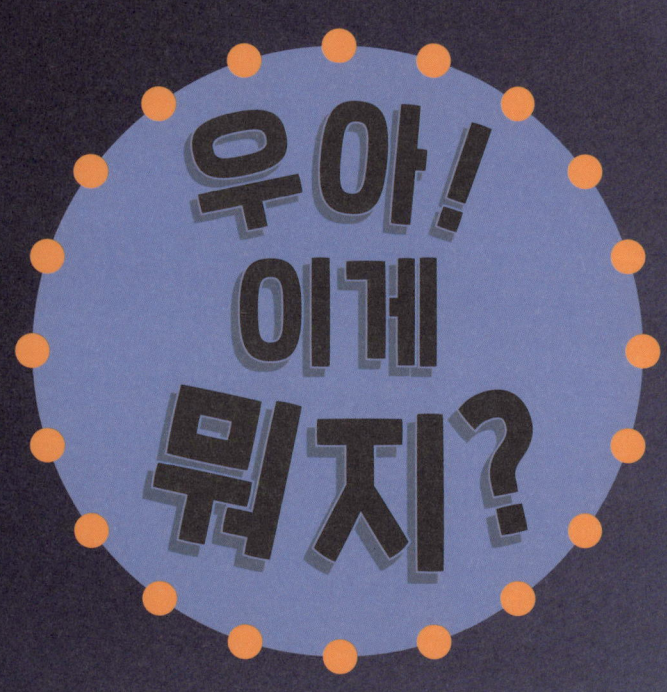

우아!
이게
뭐지?

달이 태양을 가리는 '일식'이 일어난 순간이에요!
달이 태양과 지구 사이를 지나갈 때 일식이 일어나죠.
달이 잠깐 동안 태양에서 오는 빛을 가로막고 지구에
그림자를 드리우거든요. 그래서 일식이 일어나는
동안에는 한낮에도 주위가 어둑어둑해져요. 너무
어두워져서 가끔은 별을 볼 수 있을 정도랍니다.

달

태양에서
오는 빛

놀라운 사실

별똥별은 색이 다양해요.
파란색, 초록색, 노란색, 붉은색
그리고 보라색인 것도 있지요.
유성체가 무엇으로 이루어졌는지,
또 속도가 얼마나 빠른지에
따라 색이 달라진답니다.

별똥별은 어떻게 생길까?

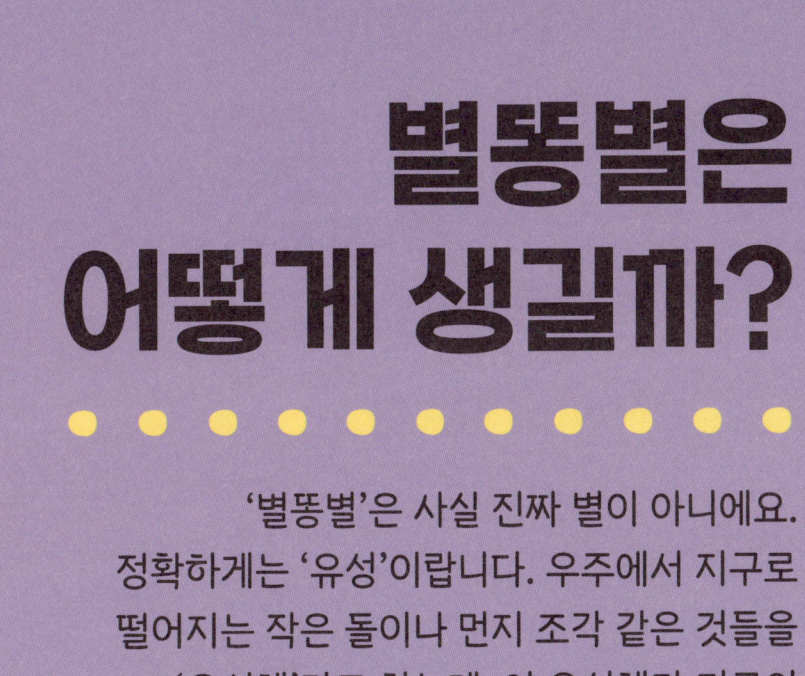

'별똥별'은 사실 진짜 별이 아니에요. 정확하게는 '유성'이랍니다. 우주에서 지구로 떨어지는 작은 돌이나 먼지 조각 같은 것들을 '유성체'라고 하는데, 이 유성체가 지구의 대기를 통과할 때 아주 뜨거워져서 빛을 내며 타오르지요. 이렇게 해서 생기는 기다란 빛줄기가 바로 유성이에요. 보통 유성은 눈 깜짝할 새에 나타났다 사라지지만, 크고 밝은 유성은 몇 분 동안이나 볼 수 있어요. 유성은 매일 밤 나타나지만, 우리가 관측하기에 가장 좋은 때는 바로 쌍둥이자리 유성우가 쏟아지는 매년 12월 14일 밤 12시 이후랍니다.

유성체는 지구의 대기권을 통과할 때 밝은 빛을 내며 타올라 유성이 되어요. 타다 남은 조각이 지구 표면에 떨어진 것을 '운석'이라고 해요.

유성체

유성

쾅!

운석

궁금해! 누가 좀 알려 줘

로켓을 타고 지구에서 달까지 가는 데 얼마나 걸릴까?

3일 정도 걸린대!

지금까지 달 위를 걸어 본 사람은 몇 명일까?

12명!

우리 태양계에는 행성이 몇 개나 될까?

8개!

블랙홀은 눈에 보이지 않아요.
과학자들은 블랙홀의 영향을 받는
다른 천체들을 보고서야 블랙홀의
위치를 알 수 있어요.

놀라운 사실

어떤 물체가 블랙홀에 빨려
들어갈 때, 블랙홀의 중력 때문에
스파게티 가닥처럼 길게
늘어나요. 이러한 현상을
'스파게티화 현상'이라고
한답니다.

블랙홀은 어떻게 생길까?

블랙홀은 아주 커다란 별이 수명을 다해 폭발할 때 생겨요. 큰 별이 수명을 다하면 중심부가 뜨거워지면서 거대한 폭발이 일어나지요. 하지만 폭발 후에 남아 있는 중심부는 중력 때문에 계속 더 작아지다 결국 뾰족한 연필 끝보다 더 작은 '특이점'이 되어요. 특이점 주위는 블랙홀의 경계선인 '사건의 지평선'이 둘러싸요. 이렇게 큰 별이 폭발하여 특이점과 사건의 지평선이 생기면 블랙홀이 되는 것이랍니다. 블랙홀 안쪽은 중력이 엄청나게 강해서 주변의 모든 것을 끌어당겨요. 심지어 빛마저요. 크기가 작은 블랙홀은 단 몇 초 만에 생기기도 해요. 하지만 주변의 가스나 먼지, 다른 별 등을 끌어당기고, 다른 블랙홀과 부딪쳐 합쳐지면서 점점 더 커져요. 태양보다 수십억 배나 더 큰 '초대질량블랙홀'이 생기기도 하는데, 얼마나 긴 시간이 걸리는지는 아직 밝혀지지 않았어요.

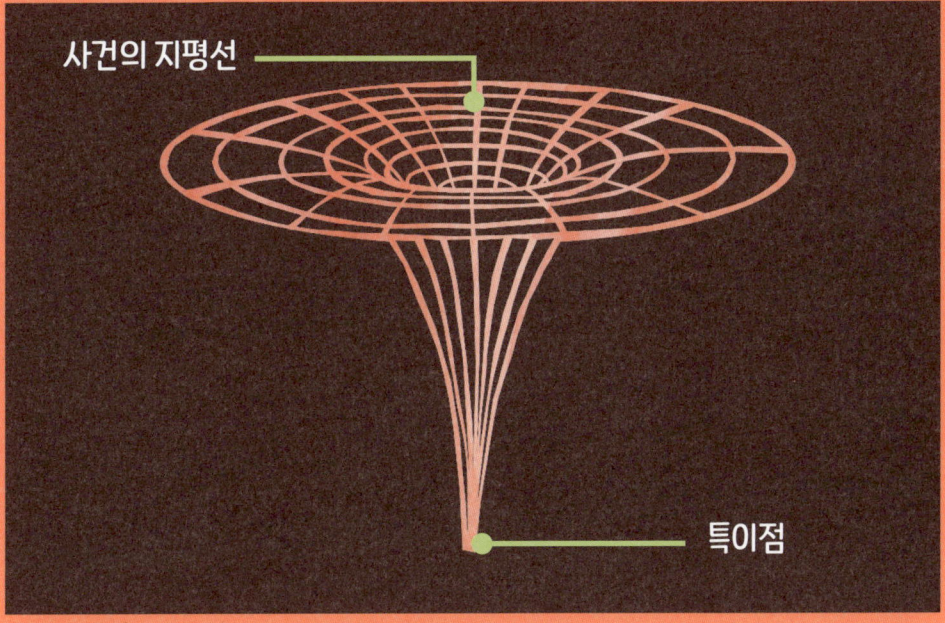

사건의 지평선

특이점

과학자들은 어떻게 우주를 들여다볼까?

우주에 있는 모든 천체는 어마어마하게 멀리 떨어져 있어요. 그러니 우주를 연구하는 천문학자들에게 가장 중요한 장비는 망원경이랍니다. 망원경으로 밤하늘을 올려다보면 관찰하려는 것을 아주 커다랗게 볼 수 있지요. 전 세계에서 가장 성능이 좋은 망원경들은 '천문대'에 있어요. 이곳은 천문학자들이 우리 은하와 그 너머에서 일어나는 일들을 관찰할 수 있는 장소예요. 지구에는 수많은 천문대가 있답니다. 또 미국 항공 우주국(NASA)이나 유럽 우주국(ESA) 같은 우주 기관에서도 여러 대의 망원경을 우주로 발사했어요.

놀라운 사실

미국 캘리포니아주에 있는 '앨런 망원경 집합체'에서는 외계 생명체의 흔적을 찾고 있답니다.

미국 텍사스주에 있는 이 천문대는 넓은 초원 한가운데에 있어요. 밤에도 불빛이 환한 도시에서 멀리 떨어져 있는 이곳은 밤하늘이 아주 깜깜해서 별을 관찰하기에 좋답니다.

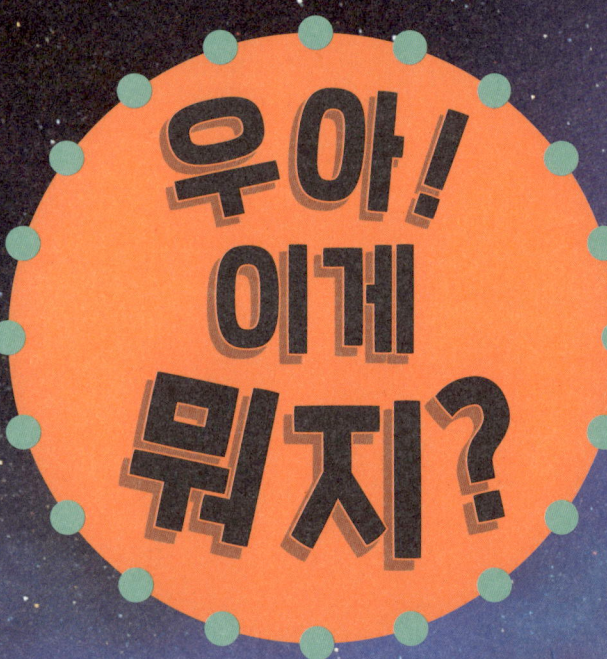

18개의 거울이 우주에서 오는 빛을 모아요.

이건 '제임스 웨브 우주 망원경'이에요. 제임스 웨브 우주 망원경은 태양 주변을 돌면서 멀리 떨어진 별과 은하, 행성의 사진을 찍어요. 지금껏 우주에 발사된 망원경 가운데 가장 크고 성능이 좋은 망원경이죠. 최신 과학 기술 덕분에 제임스 웨브 우주 망원경으로 아주 멀리 떨어진 곳에 있는 희미한 천체까지도 볼 수 있답니다. 앞으로 무엇이 발견될지 정말 흥미진진하죠!

모아 놓은 빛을 망원경 안쪽 장치에서 분석해서 별과 은하, 행성에 대한 정보를 알아내요.

금성은 대부분 암석과 금속으로 이루어졌어요.
지구와 수성, 화성 역시 암석으로 이루어진 행성이죠.

목성은 대부분 수소와 헬륨 같은 기체로 이루어졌어요.
목성과 토성은 '거대 기체 행성'이라 불려요.

해왕성은 대부분 얼음 암모니아, 메탄가스로 이루어졌어요. 해왕성과 천왕성은 '거대 얼음 행성'이라 불린답니다.

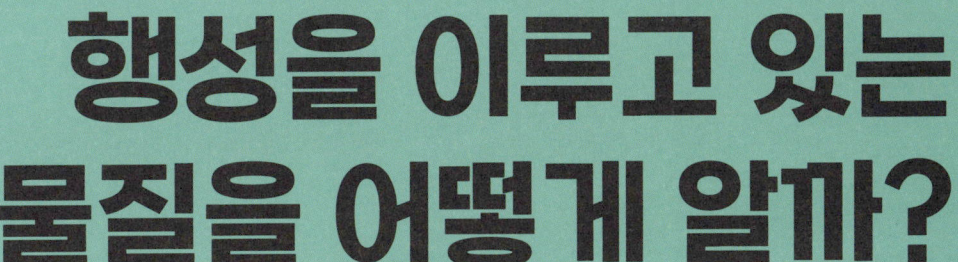

행성을 이루고 있는 물질을 어떻게 알까?

과학자들은 지구의 지각을 연구하여 지구가 대부분 암석과 금속으로 이루어졌다는 사실을 알아냈어요. 뿐만 아니라 땅속에 더 많은 암석과 금속 층이 있다는 것도 알아냈지요. 마찬가지로, 우주를 연구하는 과학자들은 금성과 화성에 우주선을 보내고 수성의 대기를 연구한 결과, 지구를 포함한 4개의 행성이 모두 암석으로 이루어졌다는 사실을 발견했어요. 그러나 목성, 토성, 천왕성, 해왕성은 너무 멀리 떨어져 있어서 조사하기 쉽지 않아요. 천문학자들은 이 행성들이 무엇으로 이루어져 있는지 알아내기 위해 '분광 사진기'라는 도구를 사용해요. 분광 사진기는 행성의 빛을 이용하여 그 행성에 대한 다양한 정보를 알려 주어요.

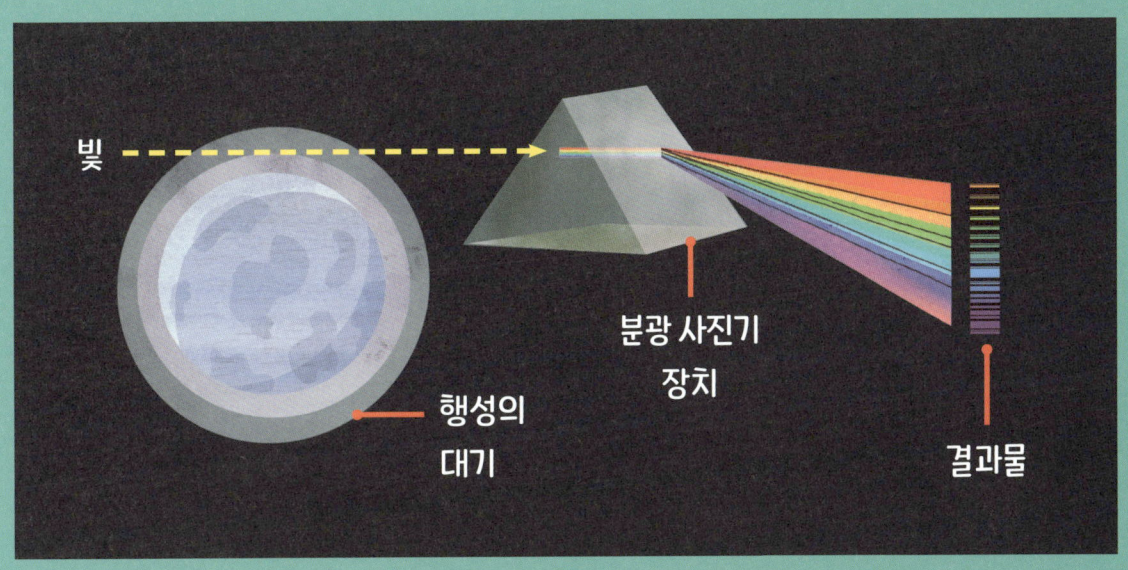

빛

행성의 대기

분광 사진기 장치

결과물

분광 사진기는 아주 멀리 떨어진 행성의 대기를 통과한 빛을 모아서 여러 색깔로 나누어요. 그러면 알록달록한 바코드 같은 무늬가 생기지요. 과학자들은 이 바코드를 분석하여 행성이 무엇으로 이루어졌는지 알아낸답니다.

우주선은 어떻게 우주로 날아갈까?

● ● ● ● ● ● ● ● ● ● ●

로켓은 엄청난 힘으로 우주선을 우주로 밀어 올려요.
지구의 대기를 벗어나려면 시속 2만 8,000킬로미터가
넘는 속도로 날아올라야 하지요. 로켓이 적당한 높이에
오르면 싣고 있던 탐사선이나 인공위성 같은 우주선을
분리해요. 로켓의 힘으로 우주선은 분리된 뒤에도 계속
앞으로 나아가게 되고, 반대로 지구의 중력은 우주선을
끌어당기지요. 우주선이 앞으로 나아가는 힘과 지구가
우주선을 끌어당기는 힘이 완벽하게 균형을 이루어,
우주선은 궤도에 머무르며 지구 주위를 안전하게 돌
수 있어요. 우주선을 분리하고 나면 로켓은 연료가
모두 바닥나서 지구로 다시 떨어지는데,
대기권을 지나면서 불타 없어지거나
바다 어딘가에 떨어진답니다.

로켓 엔진에서 연료가 타면
불꽃과 뜨거운 가스가 아래로
뿜어져 나오면서 로켓을 위로
힘차게 밀어 올려요. 이 힘을
'추진력'이라고 해요. 이때
로켓이 계속 나아가려면,
로켓을 지구 쪽으로 끌어당기는
지구 중력보다 위로 밀어
올리는 추진력이 강해야 해요.

중력

추진력

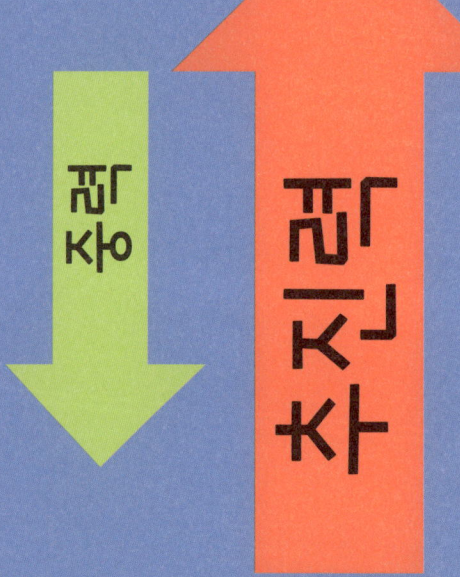

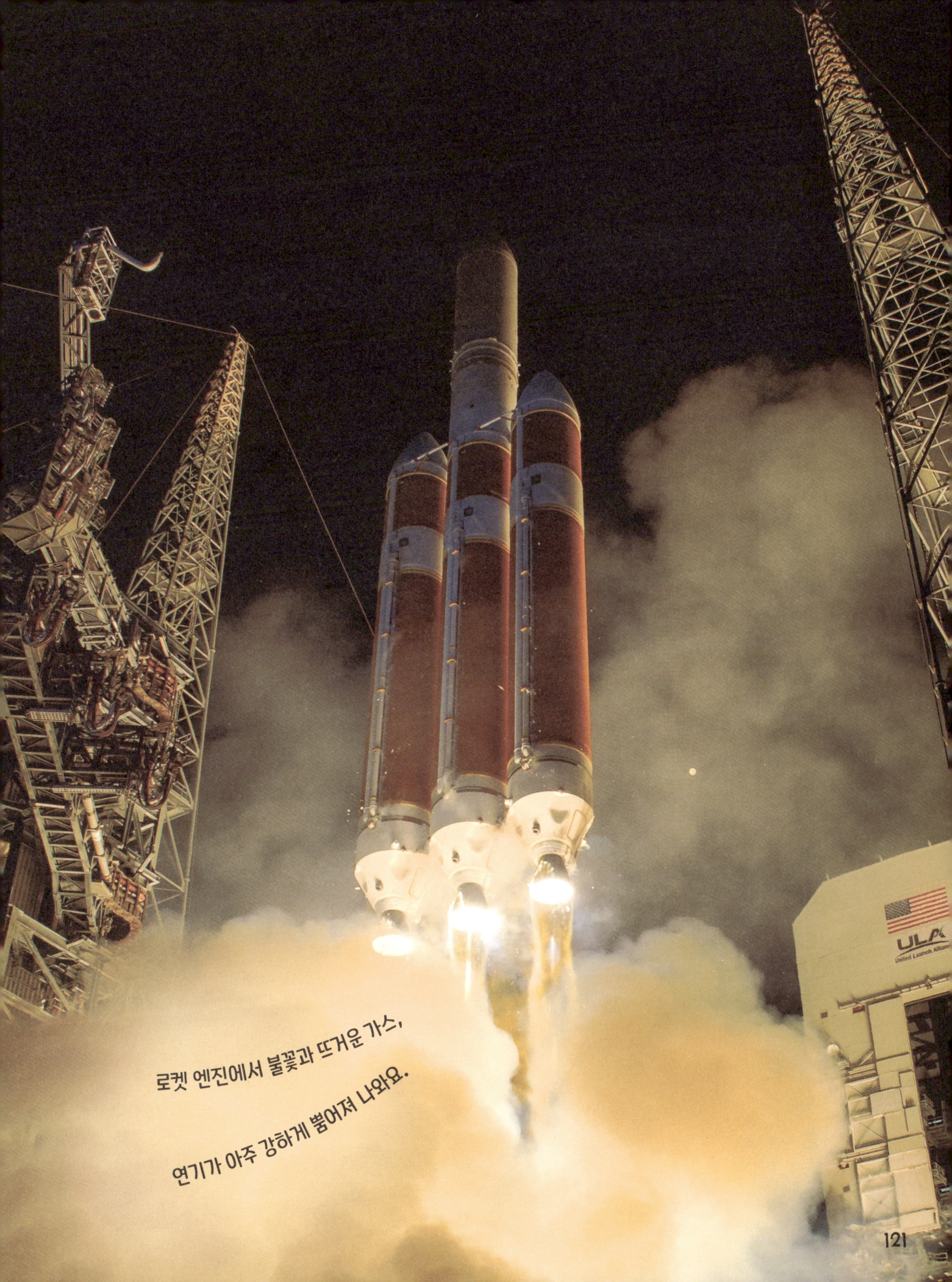

로켓 엔진에서 불꽃과 뜨거운 가스,

연기가 아주 강하게 뿜어져 나와요.

지구의 중력은 국제 우주 정거장을
계속해서 지구로 끌어당기고 있지만,
국제 우주 정거장은 매우 빠른 속도로
움직이고 있기 때문에 절대 지구로
떨어지지 않는답니다. 대신 그 안에
탄 우주 비행사들은 마치 무게가 없는
것처럼 공중에 둥둥 떠다니게 되어요.

우주 비행사들은 우주에서 어떻게 지낼까?

우주에서 사람이 살아갈 수 있는 유일한 공간은 '국제 우주 정거장(ISS)'뿐이에요. 국제 우주 정거장은 지구로부터 약 400킬로미터 떨어진 우주에서 초속 8킬로미터의 속도로 비행하고 있지요. 이곳에는 7명의 우주 비행사가 타고 있는데, 한 번에 약 6개월 동안 머물러요. 우주 비행사들은 '모듈'이라는 서로 연결되어 있는 작은 공간에서 지내지요. 국제 우주 정거장에는 실험을 하는 과학 연구실 6곳, 잠자는 공간 6곳, 화장실 2곳이 있어요. 우주 비행사들은 이 공간에서 일을 하고 잠을 자고 밥도 먹어요. 그리고 남는 시간에는 운동 기구가 설치된 모듈에서 열심히 운동도 한답니다.

놀라운 사실

우주 비행사들의 오줌은 재활용되어요. 오줌을 깨끗이 정화한 다음 씻거나 마시는 물로 다시 사용해요.

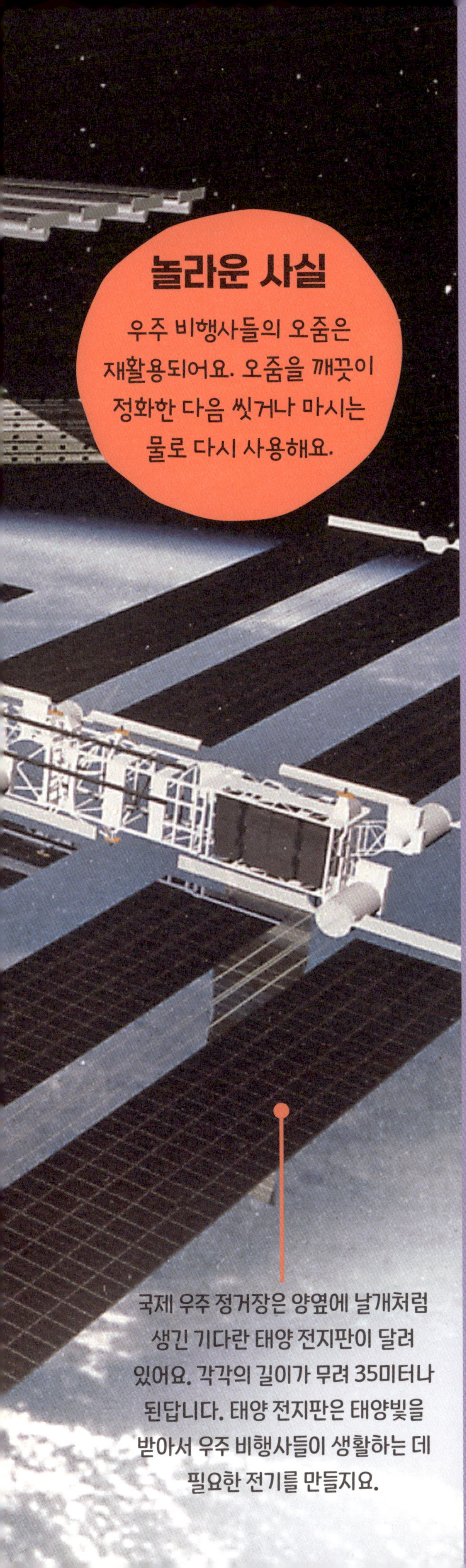

국제 우주 정거장은 양옆에 날개처럼 생긴 기다란 태양 전지판이 달려 있어요. 각각의 길이가 무려 35미터나 된답니다. 태양 전지판은 태양빛을 받아서 우주 비행사들이 생활하는 데 필요한 전기를 만들지요.

국제 우주 정거장은 하루에 지구를 16바퀴 돌아요. 그러니 이곳에서 생활하는 우주 비행사들은 24시간 동안 해가 뜨고 지는 걸 16번이나 볼 수 있답니다.

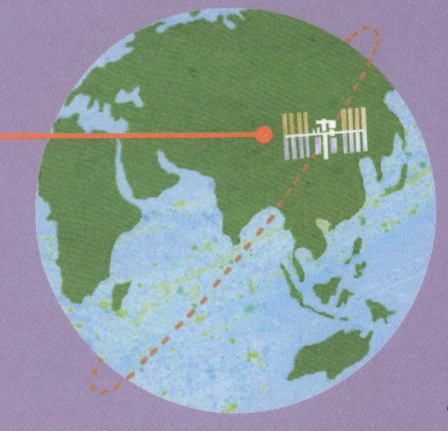

우주복에는 어떤 기능이 있을까?

우주복은 크게 2종류가 있어요. 하나는 비교적 가볍고 얇은 우주복으로, 로켓이 우주로 발사될 때부터 다시 지구로 돌아올 때까지 우주선 안에서 입는 옷이에요. 또 다른 우주복은 우주 비행사들이 우주선 밖으로 나와 '우주 유영'을 할 때 입는 크고 무거운 옷이에요. 우주 유영이란, 우주 비행사가 우주선 밖으로 나와 무중력 상태의 우주 공간에서 활동하는 것이에요. 이때 입는 우주복은 최대 16겹으로 만들어져 무척 튼튼하고, 다양한 장치가 달려 있어 우주 비행사가 안전하게 우주 유영을 할 수 있게 해 주지요. 이 우주복은 마치 입고 다니는 작은 우주선과도 같아요. 우주 비행사가 숨을 쉬거나 물을 마실 수 있게 해 줄 뿐만 아니라 엄청난 더위와 추위, 빠른 속도로 날아다니는 우주 먼지로부터 보호해 준답니다.

놀라운 사실

우주 비행사들은 우주 유영을 하는 동안 우주복을 벗을 수 없어요. 갑자기 화장실에 가고 싶어질 때를 대비해서 미리 특수 기저귀를 찬답니다!

우주선 안에서 입는 우주복

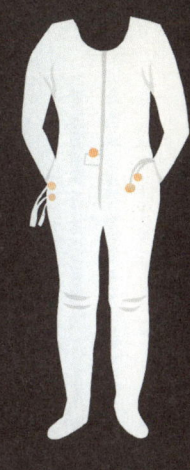

우주복 안에는 특수한 내복을 입어요. 이 옷은 안쪽에 물을 채운 튜브가 있어서 우주 비행사의 몸을 시원하게 유지해 주어요.

헬멧은 우주 비행사들이 숨을 쉴 수 있게 해 주어요. 또한 금으로 코팅된 튼튼한 보호창이 태양의 강하고 해로운 빛을 막아 주지요.

등에 진 배낭은 '생명 유지 장치'예요. 우주 비행사가 숨을 쉬도록 해 주는 장비, 물탱크와 펌프, 우주선과 연락할 수 있는 통신 장비, 우주복의 여러 장비에 전력을 공급하는 배터리가 들어 있어요.

배낭 아래쪽에는 작은 로켓과 같은 '추진 장치'가 달려 있어서, 우주 비행사가 우주선에서 멀리 떨어졌을 때 다시 돌아올 수 있어요.

우주복의 가슴 쪽에는 다양한 기능을 작동시키는 컴퓨터 장치들이 있어요.

장갑은 잘 늘어나고 유연해서 우주 비행사들이 섬세한 작업을 할 수 있어요. 또 손가락 끝부분에는 열선이 깔려 있어 추운 곳에서도 손가락이 얼지 않게 보호해요.

허리띠에는 고리가 달려 있어서 우주선을 수리하는 데 필요한 도구를 걸 수 있죠. 우주 비행사가 우주로 떠내려가지 않도록 이 고리에 안전줄도 걸어서 우주선과 연결해 놓아요.

우주복마다 색깔이 다른 줄무늬가 있어요. 이 색깔로 누가 입었는지 구별할 수 있어요.

우주 유영을 할 때 입는 우주복

미래에는 우주 비행사들이
'3D 프린터'로 피자를 만들어 먹을 수
있을지도 몰라요. 피자 재료들은 무려
30년 동안이나 신선하게 보관할
수 있어서, 화성으로 가는 긴
여정에 알맞지요.

우주 비행사들은 둥둥 떠가는 음식을
입으로 받아먹을 수 있어요. 심지어 거꾸로
뒤집힌 자세로도 먹을 수 있답니다!

우주에서 어떻게 음식을 먹을까?

우주는 무중력 상태이기 때문에 우주선 안에서는 모든 것이 둥둥 떠다녀요. 당연히 음식도 그렇지요! 그러니 우주 비행사들은 음식을 깔끔하게 먹어야 해요. 흘린 부스러기나 액체가 지구에서처럼 바닥에 떨어지지 않고, 중요한 장비 안에 들어갈 수도 있기 때문이지요. 가끔씩 신선한 과일과 채소가 우주 정거장으로 배달되지만, 우주에서 먹는 음식은 대부분 비닐봉지에 단단히 포장되어 있어요. 봉지 안에는 꽁꽁 얼려 물기를 제거한 동결 건조 음식이나 가루를 낸 음식이 들어 있지요. 우주 비행사들은 여기에 뜨거운 물을 부어 따뜻한 간식을 만들거나, 차가운 물을 부어 시원한 음료를 만든 다음 빨대를 이용해 호로록 빨아 먹는답니다.

우주 비행사들이 먹을 식량은 '벨크로'라는 천으로 쟁반에 고정시켜서 보관해요.

다른 행성을 어떻게 탐험할까?

우리가 지구에서 가장 가까운 행성인 화성까지 가려면 약 7개월이 넘게 걸려요. 그러니 아직까지 화성에 직접 가 본 사람이 없는 것이 이해가 가지요. 물론 미래에는 누군가 갈 수도 있지만요! 우주 과학자들은 사람이 직접 화성에 갈 수 있는 방법을 연구하기도 하지만, 사람이 타지 않은 탐사선을 우주로 보내서 화성과 다른 행성들을 연구하기도 해요. 지금까지 30대가 넘는 탐사선이 우주에서 다양한 실험과 조사를 하며 지구로 사진과 정보를 보내고 있지요. 이 중 여러 대의 탐사선이 이미 화성에 도착했거나 화성 근처에 있어요. 심지어 어떤 탐사선은 태양계에서 가장 먼 행성인 해왕성 너머까지 나아가 탐사하고 있답니다.

놀라운 사실

무인 탐사선 '보이저 1호'는 사람이 만든 모든 물체들 중에 태양계를 넘어 가장 멀리까지 탐험하고 있는 탐사선이에요.

화성 탐사 로봇
'퍼서비어런스 로버'는
2021년 화성에
착륙한 이후로 화성
여기저기에서 흙과
돌을 비롯한 다양한
정보를 모으고 있어요.

궁금해!
누가 좀
알려 줘

지금까지 국제 우주 정거장에
다녀간 사람은 몇 명일까?

280명!

우주에는 별이
몇 개나 될까?

과학자들은 약 2,000해 개 정도로 예상한대.
2 뒤에 'O'이 23개 붙은 수야!

달에서 사람은
얼마나 높이 뛰어오를
수 있을까?

지구에서 뛰는 높이보다
약 6배 더 높이 뛸 수 있대.

우리 태양계에서
가장 큰 행성은
얼마나 클까?

그건 바로 목성인데,
지름이 약 14만 킬로미터래!

태양계에서 가장 작은
행성은 얼마나 작을까?

수성은 지름이
약 5,000킬로미터래!

낱말 풀이

3D 프린터 컴퓨터에서 디자인한 물건을 입체적으로 만들어
내는 기계.

가늠하다 무언가를 미리 짐작하거나 헤아리다.

가상 실제로 있지 않지만 마치 있는 것처럼 생각하는 것.

계기판 탈것이나 기계의 작동 상태를 알려 주는 화면이나
장치.

고물 오래되거나 많이 써서 낡은 물건.

관제사 비행기나 배가 안전하게 다닐 수 있도록 이착륙이나
비행에 필요한 정보를 실시간으로 알려 주는 사람.

관측 맨눈이나 기계를 이용하여 천체, 날씨 등과 같은 자연
현상을 관찰하는 것.

광물 암석을 이루고 있는 작은 알갱이.

궤도 천체가 중력에 의해 다른 천체의 주위를 일정하게 도는 길.

금속 철, 금 등과 같이 열과 전기를 잘 전달하며 특유의 빛이
나는 물질.

기어 탈것의 속도나 방향을 바꾸어 주는 장치.

깔때기 위가 넓고 아래가 좁아서, 병에 꽂아 액체를 부을 때
쓰는 기구.

니켈 철보다 녹이 덜 슬고 자성이 강한 금속.

다이너마이트 강하게 폭발하는 폭약으로, 스웨덴의 화학자
노벨이 발명함.

대기 지구를 둘러싸고 있는 여러 가지 기체들.

도화선 폭탄이 터지기 전 불이 시작되는 줄이나 끈.

동결 건조 음식이나 물건을 냉동시킨 다음 물기를 없애는
방법.

드릴 나무, 금속 등과 같이 딱딱한 것에 구멍을 내는 도구.

로터 헬리콥터의 날개와 같이, 기계에서 회전하는 부분.

마찰 두 물체가 맞닿았을 때, 닿은 부분에서 움직임과 반대
방향으로 힘이 작용하는 것.

메탄가스 맛이나 냄새, 색이 없는 물질로, 지구 대기를
오염시키는 온실가스 중 하나임.

멸종 한 종류의 생물이 영원히 사라지는 것.

무중력 우주에서처럼 마치 중력이 없는 듯이 느끼는 것.

미국 항공 우주국 1958년 미국이 우주 개발을 위해 세운
기관.

미네랄 자연에서 만들어지는 작은 알갱이.

미생물 박테리아, 바이러스처럼 눈에 보이지 않는 작은 생물.

바코드 물건의 정보가 담긴 검고 흰 막대 모양의 줄무늬.

배열되다 일정한 간격이나 순서로 놓이다.

벽화 건물이나 동굴 벽에 그린 그림.

분해하다 합쳐져 있는 커다란 것을 작은 부분으로 나누다.

사이렌 소리를 울려 주의를 주는 장치로, 주로 탈것에
설치함.

산성 레몬과 같이, 물에 녹으면 신맛이 나는 물질의 성질.

석회암 주로 땅속에서 발견되는 퇴적암의 한 종류로, 칼슘이
많이 들어 있음.

섭씨 과학자 셀시우스가 만든 온도를 나타내는 단위.

소행성 태양 주위를 도는 천체로, 행성보다 크기가 훨씬 작고
모양이 불규칙함.

소화전 화재가 일어났을 때 호스를 연결해 물을 사용할 수
있도록 설치한 시설.

수소 맛이나 냄새, 색이 없는 물질로, 모든 물질 가운데 가장
가볍고 불에 타기 쉬운 기체.

수직 위아래로 곧게 뻗어 있는 상태.

수집하다 여러 가지 물건이나 정보를 모으다.

수평 한쪽으로 기울지 않고 옆으로 평평한 상태.

스카이다이빙 날고 있는 비행기에서 낙하산을 메고
뛰어내리는 운동.

습지 물기가 많거나 젖어 있는 땅.

시동 탈것이나 기계, 장비를 작동시키기 시작하는 것.

시속 1시간 동안 움직이는 거리로 나타낸 속도.

시추공 지구의 지각을 조사하기 위해 땅속 깊이 뚫은 구멍.

심해 생물 햇빛이 닿지 않는 깊은 바다에 사는 동식물.

쌍둥이자리 겨울철 밤하늘에서 볼 수 있는 별자리로,
어깨동무를 한 쌍둥이의 모습을 하고 있음.

암모니아 고약한 냄새가 나고 색이 없는 기체로, 물과 잘
섞이며 세제나 비료에 많이 들어 있음.

암석 여러 가지 자연의 물질들이 모여 단단하게 굳어진
덩어리.

압력 물체들이 서로 누르거나 미는 힘.

에펠탑 프랑스 파리에 있는 높이 324미터의 철탑.

연료 불타오를 때 열, 빛, 에너지를 얻을 수 있는 물질.

예측하다 앞으로 어떤 일이 일어날지 미리 짐작하다.

왁스 자동차, 가구 등에 번쩍번쩍하게 광을 낼 때 쓰는 물질.

완보동물 크기가 매우 작은 생물로, 아주 극한 환경에서도 살아갈 수 있음.

왜소행성 행성보다는 작고 소행성보다는 큰, 태양 주위를 도는 둥근 모양의 천체.

요람 아기를 재우는 작은 침대로, 무언가가 시작된 장소라는 뜻으로 흔히 사용됨.

운항 관리사 날씨, 항공로 등을 확인하여 비행을 전반적으로 계획하고 준비하는 사람.

유럽 우주국 1975년 유럽 각국이 모여 우주 개발을 위해 세운 기관.

육각형 6개의 곧은 선으로 이루어진 도형.

입자 분자나 원자처럼 물질을 이루는 아주 작은 물체.

작용하다 어떤 일에 영향을 주어 변화나 효과가 나타나다.

전지판 태양에서 오는 빛을 모아 전기로 바꾸는 판 모양의 장치.

정화하다 더러운 것을 깨끗하게 만들다.

제어 장치 기계를 작동하거나 멈추게 조절하는 장치.

조 억의 만 배가 되는 아주 큰 수.

지렛대 적은 힘으로 무거운 물건을 움직이는 데 사용하는 막대기.

천체 항성, 행성, 위성 등과 같이 우주에 있는 모든 물체.

체인 쇠로 만든 고리를 여러 개 이어서 길게 만든 줄.

초속 1초 동안 움직이는 거리로 나타낸 속도.

캠프파이어 야외에서 피우는 커다란 모닥불.

케이블 실이나 철사 등을 꼬아서 만든 굵은 줄.

콘크리트 시멘트에 모래와 자갈 등을 섞어 물에 반죽한 것.

타악기 드럼이나 탬버린처럼 손이나 채로 두드려서 소리를 내는 악기.

탐구하다 무언가를 깊이 있게 연구하거나 조사하다.

탐사선 행성, 위성 등을 조사하기 위해 지구에서 쏘아 올린 비행 물체로, 사람이 타고 있지 않음.

톱니바퀴 톱니가 서로 맞물려 돌아가면서 기계를 움직이게 하는 바퀴 모양의 장치.

팬 선풍기처럼 날개가 빙글빙글 돌아가면서 공기를 내보내거나 열을 식히는 장치.

페달 기계가 움직이도록 발로 밟거나 누르는 부분.

평형추 무게의 균형을 맞추어 기계가 기울지 않도록 하는 추.

표면 사물의 가장 바깥쪽 겉 부분.

프레임 자동차나 자전거를 튼튼하게 받쳐 주는 틀.

항성 태양을 비롯하여, 스스로 빛을 내며 하늘에서 반짝이는 별.

해 조의 만 배가 되는 아주 큰 수.

행성 지구를 비롯하여, 스스로 빛을 내지 못하며 항성 주위를 도는 별.

헬륨 수소 다음으로 가벼운 기체로, 풍선을 하늘로 띄우는 데 사용됨.

현악기 바이올린이나 기타처럼 줄을 켜거나 퉁겨서 소리를 내는 악기.

혜성 주로 얼음과 먼지로 이루어진, 태양 주위를 도는 작은 천체.

화구 화산이 폭발할 때 땅속의 마그마나 가스가 밖으로 나오는 구멍.

화약 열, 전기 등에 의해 뜨거운 가스를 내뿜으며 폭발을 일으키는 물질.

찾아보기

이미지 출처

사진과 그림을 사용할 수 있도록 허락해 주신 모든 분들께 감사의 말씀을 전합니다. 최대한 이미지의 출처를 밝히고자 하였지만 혹여 있을지 모를 오류나 누락에 대해 양해를 부탁드리며, 다음번 인쇄 시 수정하도록 하겠습니다.

l = left; r = right; t = top; b = bottom; c = centre; u = upper

앞표지: ChaoticMind75 (snowflake); Tyler Boyes/Shutterstock (metamorphic rocks); elenaburn/Shutterstock (sedimentary rocks); Devonyu/iStock.com (key); XiXinXing/iStock.com (kid)

차례: pp.4–5 t-b Michael Nichols; Alena Ozerova/Shutterstock; Martin Harvey/Getty Images; StefaNikolic/Getty Images

기계와 발명품: p. 7 t whim_dachs/iStock.com; b Violetastock/iStock.com; pp. 8–9 Arand/iStock.com; p. 10 Noel Hendrikson/Getty Images; p. 12 YAY Media AS/Alamy; pp. 12–13 Paul Fox; p. 14 PetarAn/iStock.com; pp. 16–17 Peter Cade/Getty Images; pp. 18–19 Clouds Hill Imaging Ltd/Science Photo Library; p. 21 Sean Anthony Eddy/iStock.com; pp. 22–23 kowit1982/iStock.com; p. 24 t Tobiasjo/iStock.com; b Imaginechina Limited/Alamy; p. 25 t Reidar Mathiassen/Alamy; c cyo bo/Shutterstock; b Makluk/iStock.com; p. 26 Niels Quist/Alamy; pp. 28–29 Vitaliy Hrabar/Dreamstime.com; p. 31 DNY59/iStock.com; pp. 32–33 ryasick/iStock.com; p. 34 t DustyPixel/iStock.com; b Devonyu/iStock.com; p. 35 l kate_sept2004/iStock.com; r Image Source Limited/Alamy; p. 36 SerrNovik/iStock.com; pp. 38–39 Fuse/Getty Images; pp. 40–41 hakule/iStock.com; p. 43 Andy Sacks/Getty Images; p. 44 Marsevis/iStock.com; p. 45 FactoryTh/iStock.com; p. 46 l Evgeniyqw/Shutterstock; r dblight/iStock.com; p. 47 tl 1971yes/iStock.com; tr richard johnson/iStock.com; b dja65/iStock.com; pp. 48–49 PeopleImages/iStock.com

지구: p. 51 Sebastian Janicki/Shutterstock; pp. 54–55 Vladimir Borzykin/iStock.com; p. 56 M. Scheja/Shutterstock; p. 57 l kavring/Shutterstock; r Tyler Boyes/Shutterstock; b elenaburn/Shutterstock; p. 58 t Reimphoto/iStock.com; p. 58 b Minakryn/iStock.com; p. 59 KanisornP/Shutterstock; p.60 Eye of Science/Science Photo Library; p. 61 Eye of Science/Science Photo Library; p. 63 Chiswick Auctions, 2021; pp. 64–65 Dr Keith Wheeler/Science Photo Library; pp. 66–67 Brent Coulter/Shutterstock; p. 68 AGEphotography/iStock.com; p. 69 Arpad Benedek/iStock.com; p. 70 t 1_nude/iStock.com; b Karin Dohmen/iStock.com; p. 71 t MaRabelo/iStock.com; c UrmasPhotoCom/iStock.com; bl Greenantphoto/iStock.com; br powerofforever/iStock.com; pp. 72–73 Edwin Remsberg/Getty Images; p. 75 Jason Edwards/Getty Images;

p. 76 Rasica/Shutterstock; pp. 78–79 XiXinXing/iStock.com; p. 79 ChaoticMind75; pp. 80–81 twobee/Shutterstock; p. 82 losmandarinas/Shutterstock; p. 83 NASA/JSC; pp. 86–87 kckate16/iStock.com; pp. 88–89 Triton private photo supply; p. 90 l Amriphoto/iStock.com; r lucky-photographer/iStock.com; p. 91 tl Tsuneo Nakamura/Volvox Inc/Alamy; tr Samystclair/Dreamstime.com; b Beboy_ltd/iStock.com; pp. 92–93 VisualCommunications/iStock.com

우주: pp. 94–95 sdecoret/Shutterstock; pp. 96–97 Chaowarin Hadchiang/Dreamstime.com; pp. 98–99 NASA/ESA/STScI; p. 101 sdecoret/Shutterstock; pp. 102–103 kdshutterman/Shutterstock; pp. 106–107 Dr. Fred Espenack/Science Photo Library; pp. 108–109 bjdlzx/iStock.com; p. 110 t NASA/Eric Bordelon; b NASA/MSFC; p. 111 tl NASA/JPL/USGS; tr NASA/JPL; b sdecoret/Shutterstock; pp. 112–113 NASA, ESA, and D. Coe, J. Anderson, and R. van der Marel (STScI); pp. 114–115 Stocktrek Images, Inc/Alamy; pp. 116–117 Just_Super/iStock.com; p. 118 l NASA/JPL; t NASA/JPL; b NASA/JPL-Caltech/SwRI/MSSS Image processing by Thomas Thomopoulos (CC-BY); p. 121 NASA/Bill Ingalls; pp. 122–123 NASA/MSFC; p. 124 NASA/JSC; p. 127 Science History Images/Alamy; pp. 128-129 NASA/JPL-Caltech; p. 130 t NASA/JSC; bl NASA/JSC; br NASA, ESA, R. O'Connel, F. Paresce, E. Young, the WFC3 Science Oversight Committee and the Hubble Heritage Team (STScI/AURA); p. 131 t NASA/JPL-Caltech/SwRI/MSSS Enhanced by Kevin M. Gill (CC-BY); b NASA/Johns Hopkins University Applied Physics Laboratory/Carnegie Institution of Washington

만든 사람들: 138 Holly Booth (Kate Slater and Gladys images); Alan Stewart (Emma Mellor image); all other images on pp. 138–139 courtesy of the contributors pictured.

참고 자료

이 책을 출간하기 위한 모든 연구 과정은 여러 단계를 거쳐서
이루어졌습니다. 작가들은 신뢰할 만한 다양한 자료를 활용하였으며,
오류 점검팀이 추가로 정보를 확인했습니다. 또한 전문 편집자들이
각 장마다 정확성을 검토했습니다. 그 결과 이 책에는 모두 담을 수
없을 만큼 많은 참고 자료들이 사용되었습니다. 작가들이 각 장에서
활용한 자료의 출처들 중 일부를 추려 정리하였습니다.

주요 자료

bbc.com, bbc.co.uk; britannica.com; history.com; howstuffworks.
com; kidshealth.org; livescience.com; nasa.gov; natgeokids.com;
nationalgeographic.com; nature.com; newscientist.com; nhm.
ac.uk; npr.org; science.org; scientificamerican.com; scijinks.gov;
smithsonianmag.com; space.com; usgs.gov; wonderopolis.org

기계와 발명품: pp. 8–9 'Car', kids.britannica.com; 'How Do
Brakes Work?', kwik-fit.com; **pp. 10–11** 'How Does a Bicycle
Work?', Maddie's Do You Know, youtube.com; 'How to Ride
a Bicycle', wikihow.com; **pp. 12–13** with thanks to pilot
Paul Fox for their advice; 'How Do Pilots Know Where to
Go?', pilotteacher.com; 'How Do Pilots Navigate?', pea.com;
pp. 14–15 'Magnets and Magnetism', bbc.co.uk/bitesize;
'Magnetism', education.nationalgeographic.org; 'Magnetars: The
strongest magnets in the Universe', harvard.edu; **pp. 16–17**
'How Do Drones Fly?', rockrobotic.com; 'The Ultimate Guide
to Autonomous Drones', jouav.com/blog; **pp. 18–19** 'How
Do Velcro® Brand Fasteners Work?', velcro.co.uk; **pp. 20–21**
'Convex Lens Use–Magnifying Glass', mammothmemory.net
pp. 22–23 'How Do Fireworks Work?', bbc.co.uk; 'Firework
Science', explainthatstuff.com; **pp. 24–25** 'How Many Airplanes
(and People) Are in the Sky at Any One Second?', allinallspace.
com; 'The Longest Tunnel in the World', nationalgeographic.
com; 'World's Fastest Trains in 2022', statista.com; 'The
Longest Bridges in the World', civitatis.com; 'The 13 Fastest
Roller Coasters in the World', tripsavvy.com; **pp. 26–27** 'How
Tunnels Work', howstuffworks.com; **pp. 28–29** 'The Parts of
a Crane and Their Purpose', bigrentz.com/blog; 'Zoomlion
Launches World's Largest Tower Crane', cranestodaymagazine.
com; **pp. 30–31** 'Escalator', britannica.com; 'The Wondrous
World of the Escalator', thyssenkrupp.com; **pp. 32–33** 'How
Fire Engines Work', howstuffworks.com; 'How Do Fire Trucks
Work?', fentonfire.com/blog; **pp. 34–35** '9 Parts of a Key
and How They Work', art-of-lockpicking.com; 'How Does the
Lock Cylinder Work?', dndhardware.com; **pp. 36–37** 'How Do
Dishwashers Work?', howstuffworks.com; '5 Simple Facts About
Dishwashing', gorenje.co.uk; **pp. 38–39** 'How Do Vacuum
Cleaners Work?', letstalkscience.ca; 'The Invention
of the Vacuum Cleaner', sciencemuseum.org; **pp. 40–41**

'How does a plasma ball work?', wonderopolis.org;
pp. 42–43 'Pianos', explainthatstuff.com; 'Piano', britannica.
com; **pp. 44–45** with thanks to electrical engineer Octavio
Rosales for their advice; 'What is Electricity?', bbc.co.uk/
bitesize; 'How Electricity Works', theengineeringmindset.com;
pp. 46–47 'The Most Expensive Cars Ever Sold', autocar.co.uk;
'Tallest Building', guinnessworldrecords.com; 'How Deep Can
a Submarine Dive?', navalpost.com; 'Who Invented the Flush
Toilet?', history.com; 'The World's Longest Flight Spent More
Than Two Months in the Air', edition.cnn.com; **pp. 48–49**
'Capacitive vs Resistive Touch', newhavendisplay.com; 'Did You
Know? 5 Interesting Facts About Touchscreens', computercare.
net/blog

지구: pp. 52–53 'The Deepest Hole in the World',
letstalkscience.ca; 'How Has Earth's Core Stayed as Hot
as the Sun's Surface for Billions of Years?', space.com;
pp. 54–55 'Volcanoes, Explained', nationalgeographic.com;
'How Do Volcanoes Erupt?', usgs.gov; **pp. 56–57** 'Three
Types of Rock', amnh.org; Jill Esbaum. Little Kids First Big
Book of How. Washington, DC: National Geographic Kids,
2016; **pp. 58–59** 'Crystal', kids.britannica.com; 'Crystals:
Unique Repeating Patterns', jain108academy.com; Nick Arnold.
Chemical Chaos. New York: Scholastic, 2008; **pp. 60–61** 'More
Than Half of Earth's Species Live in the Soil, Study Finds',
theguardian.com; 'More Than Half of Life on Earth is Found in
Soil–Here's Why That's Important', theconversation.com; **pp.
62–63** Jane Walker. Seeds, Bulbs, and Spores. London: DK,
1993. Katie Daynes. How Do Flowers Grow? London: Usborne,
2015; **pp. 64–65** 'Stinging Nettles', in.gov; **pp. 66–67** 'How
Plants Cope With the Desert Climate', desertmuseum.org;
'Succulent', britannica.com; 'Gila Woodpecker', allaboutbirds.
org; **pp. 68–69** 'How Extinct Animals Could Be Brought
Back From the Dead', bbc.com; 'Ancient DNA Research
Revolutionizes Scientists' Understanding of Extinct Animals',
scientificamerican.com; 'Fossils', bgs.ac.uk; **pp. 70–71** '30
Freaky Facts About the Weather', natgeokids.com; 'Longest
River', guinnessworldrecords.com; 'Which Pole Is Colder?',
climatekids.nasa.gov; 'Mount Everest', britannica.com; 'How
Much Water Is There on Earth?', usgs.gov; 'Earth's Core Far
Hotter Than Thought', bbc.co.uk; **pp. 72–73** 'Understanding
Rivers', education.nationalgeographic.org; 'Rivers Come in
Many Shapes and Sizes', serc.carleton.edu; Anita Ganeri.
Raging Rivers. New York: Scholastic, 2008; **pp. 74–75** 'Cave
Types', nckri.org; Martyn Bramwell. The Visual Dictionary of
the Earth. London: DK, 1993; **pp. 76–77** 'Tornadoes', kids.
nationalgeographic.com; 'What Causes Tornadoes?', scijinks.

gov; **pp. 78–79** 'Snow', kids.britannica.com;'How Does Snow Form?', metoffice.gov.uk; **pp. 80–81** 'How Does Water Put Out Fire?', livescience.com; 'How Does Water Put Out a Fire?', childrensmuseumatlanta.org; **pp. 82–83** Karen De Seve. Little Kids First Big Book of Weather. Washington, D.C: National Geographic Kids, 2016; 'How Do Forecasters Predict the Weather?', wonderopolis.org; **pp. 84–85** 'Kármán Line', britannica.com; 'How High Do Commercial Planes Fly?', calaero.edu; 'First Fix: How High is the Sky?', gpsworld. com; **pp. 86–87** 'Aurora', kids.britannica.com; **pp. 88–89** 'Human Exploration of the Deep Ocean', letstalkscience.ca; 'Mariana Trench: Deepest-Ever Sub Dive Finds Plastic Bag', bbc.co.uk/news; **pp. 90–91** 'A Global LIS/OTD Climatology of Lightning Flash Extent Density', Peterson et al., 2021, agupubs.onlinelibrary.wiley.com; 'Tallest Tree Living', guinnessworldrecords.com; 'Which Pole Is Colder?', climatekids. nasa.gov; 'The Oldest Trees in the World', sciencefocus.com; 'Lava flows destroy everything in their path', usgs.gov; **pp. 92–93** 'What Is Gravity?', spaceplace.nasa.gov; '10 Interesting Things About Earth', climate. nasa.gov

우주: **pp. 96–97** 'How many galaxies are in the Universe?', sciencefocus.com; 'The Universe', starchild.gsfc.nasa.gov; **pp. 98–99** 'Stars', imagine.gsfc.nasa.gov; 'What Is a Nebula?', spaceplace.nasa.gov; **pp. 100–101** 'The Sun', nasa.gov; 'Our Sun: Facts', science.nasa.gov; **pp. 102–103** 'How Far Away Is the Moon?', spaceplace.nasa.gov; 'How Far Is the Moon from Earth?', space.com; **pp. 104–105** 'What Is an Orbit?', spaceplace.nasa.gov; 'Orbital Plane', education. nationalgeographic.org; **pp. 106–107** 'What Is a Solar Eclipse?', spaceplace.nasa.gov; 'It's a Solar Eclipse!', esa. int; **pp. 108–109** 'Meteors and Meteorites', science.nasa. gov; 'Meteoroids', starchild.gsfc.nasa.gov; 'Geminids', science. nasa.gov; **pp. 110–111** 'How Long Does it Take to Get to the Moon?', science.howstuffworks.com; 'Size Comparison: The Moon vs Earth vs Mars', earthhow.com; 'Age of the Planets: How Old Are They?', littleastronomy.com; 'How Many People Have Been to the Moon?', britannica.com; 'Our Solar System', science.nasa.gov; 'Our Sun: Facts', science.nasa.gov; **pp. 112–113** 'Black Holes Basics', science.nasa.gov; 'Black Holes', imagine.gsfc.nasa.gov; **pp. 114–115** 'How Do Telescopes Work?', spaceplace.nasa.gov; 'James Webb Space Telescope', webb.nasa.gov; **pp. 116–117** 'NASA's James Webb Space Telescope mission', space.com; **pp. 118–119** 'Earth's Core: What Lies at the Center and How Do We Know?', sciencefocus. com; 'Spectroscopy With Webb', esa.int; **pp. 120–121** 'How Do We Launch Things into Space?', spaceplace.nasa.gov; 'Expendable or Reusable?', esa.int; **pp. 122–123** 'Station Facts', nasa.gov; 'What is the International Space Station?', nasa.gov; **pp. 124–125** 'Artemis Generation Spacesuits', nasa. gov; 'What is a Spacesuit?', nasa.gov; **pp. 126–127** 'How Do Astronauts Eat in Space?', kennedyspace.com; 'Space Food', nasa.gov; **pp. 128–129** 'How Do Scientists Explore the Solar System?', wonderopolis.org; 'Perseverance Rover', space.com; 'Voyager', Britannica.com; **pp. 130–131** 'NASA FAQ', nasa. gov; 'Jupiter', britannica.com; 'How High Can We Jump on Other Worlds?', space.com; '10 Facts About Space', natgeokids.com; 'Mercury', kids.britannica.com

만든 사람들

글

샐리 사임스
'지구'

샐리 사임스는 작가가 되기 전 오랫동안 어린이 책 디자이너로 일했습니다. 닉 샤랫과 공동으로 작업한 책 《Gooey, Chewy, Rumble, Plop》으로 '교육서 작가상'을, 《Something Beginning with Blue》로 '사우샘프턴 함께 읽고 싶은 책 상'을 수상했습니다. 또한 《Britannica's 5-Minute Really True Stories for Bedtime》에 실린 9개의 이야기와 《브리태니커 호기심 백과》, 《브리태니커 첫 베이비 백과》를 썼습니다. 현재 영국 서식스의 작업실에서 심술궂은 고양이와 함께 지내며 일하고 있습니다.

사라네 테일러
'기계와 발명품', '우주'

사라네 테일러는 과학·기술(STEAM) 분야의 글은 물론이고, 연극, 판타지 단편 소설 등 다양한 장르의 글을 썼습니다. 학교 선생님이 된 후로는 학생들에게 좋은 영향을 주기 위해 노력하고 있습니다. 재미있는 콘텐츠를 이용해 어린이들이 열정적으로 무언가를 배우도록 하는 것이 목표입니다. 글을 쓰지 않을 때는 하이킹을 합니다. 현재는 가족과 함께 이탈리아에 살고 있습니다.

그림

케이트 슬레이터

케이트 슬레이터는 영국 스태퍼드셔의 아름다운 농장에서 자랐습니다. 킹스턴대학교에서 일러스트레이션을 공부한 후, 《브리태니커 호기심 백과》, 《A Peek at Beaks》, 《The Birthday Crown》, 《The Little Red Hen》, 《Magpie's Treasure》 등에 그림을 그렸습니다. 그 외에도 내셔널 트러스트 활동으로 판 제도에 설치한 400 마리의 새 조형물을 포함하여 여러 설치 미술 작업에 참여했습니다.

도움을 준 전문가

그라치아 토데스키니 박사
'기계와 발명품'

그라치아 토데스키니 박사는 이탈리아 밀라노공과대학교에서 전기 공학을 공부했고, 미국 우스터공과대학교에서 전기, 컴퓨터 분야 공학 박사 학위를 받았습니다. 현재는 영국 킹스칼리지런던에서 학생들을 가르치고 있습니다. 전기를 안전하고 효율적으로 사용하는 방법에 대해 연구하고, 많은 사람들이 과학 기술에 관심을 가지고 일할 수 있도록 돕고 있습니다. 또한 과학 행사에 참여하여 어린이들에게 과학을 재미있게 알려 주고 있습니다.

제시카 호손 교수
'지구'

제시카 호손 교수는 영국 옥스퍼드대학교에서 지구 물리학을 가르치고 있습니다. 주로 지구의 움직임과 변화, 지진과 산사태에 대해 연구합니다. 실험실에 모형을 만들어 놓고, 실제 지구에서 일어나는 현상을 관찰하며, 지구의 움직임을 더욱 자세히 조사하기 위해 노력하고 있습니다.

소티리아 포토풀루 박사
'우주'

소티리아 포토풀루 박사는 그리스 아테네 카포디스트리아스국립대학교에서 천체 물리학을 공부했고, 독일 국제 막스 플랑크 연구 학교에서 박사 학위를 받았습니다. 현재는 영국 브리스틀대학교에서 학생들을 가르치며, 블랙홀과 우주의 비밀을 알아내기 위해 연구하고 있습니다.

옮김

김아림

서울대학교에서 생물학을 공부하고 동대학원 과학사 및 과학철학 협동과정에서 석사 학위를 받았습니다. 출판사에서 책을 만들다 지금은 번역 에이전시 엔터스코리아에서 번역가로 활동하고 있습니다. 옮긴 책으로는 《DK 인체 대백과사전!》, 《나의 첫 뇌과학 수업》, 《과학의 반쪽사》, 《과학이 쉬워지는 실험 레시피》, 《원자에서 빅뱅까지 세상의 모든 과학》 《쓸모없는 지식의 쓸모》 등이 있습니다.

**What on Earth! 호기심 백과
위대한 발명과 우리 별**

2025년 2월 3일 1쇄 인쇄 | 2025년 2월 10일 1쇄 펴냄
글 샐리 사임스, 사라네 테일러 | **그림** 케이트 슬레이터 | **옮김** 김아림
펴낸이 안은자 | **기획·편집** 김정은, 김민정 | **디자인** 이슬이
펴낸곳 (주)기탄출판 | **등록** 제2017-000114호
주소 06698 서울특별시 서초구 효령로 40 기탄출판센터
전화 (02)586-1007 | **팩스** (02)586-2337 | **홈페이지** www.gitan.co.kr

※ 이 책의 본문은 'Mapo 한아름' 서체를 사용했습니다.
※ 잘못된 책은 구입처에서 교환해 드립니다.
⚠ 책 모서리에 다칠 수 있으니 주의하시기 바랍니다.
부주의로 인한 사고의 경우 책임을 지지 않습니다.

What on Earth! FIRST BIG BOOK OF HOW
Written by Sally Symes and Saranne Taylor
First published 2024 by What on Earth Publishing Ltd
Text © 2024 What on Earth Publishing Ltd
Illustrations © 2024 Kate Slater
Korean translation © 2025 Gitan Publications Co., Ltd.
All rights reserved.

This edition is published by arrangement with What on Earth Publishing Ltd
through KidsMind Agency, Korea.

기발하고 신박한 질문들
호기심 백과

꼬물꼬물 벌레부터 드넓은 우주까지! 아이들의 기발하고 신박한 수많은 질문들에 각 분야의 전문가들이 친절하게 답해 주어요. 다양한 주제와 과학적인 설명, 생생한 사진과 일러스트로 재미있게 호기심을 해결해요!

글 샐리 사임스 외 | 그림 케이트 슬레이터
판형 210×280mm | 쪽수 각 권 136~148쪽 | 값 각 권 16,800원

What on Earth!와 **Britannica** 두 출판사는 오랜 전통과 전문성을 바탕으로, 교육 콘텐츠를 함께 만들어 가는 파트너십을 맺고 어린이를 위한 논픽션 도서들을 발간하고 있습니다.